AF238950

EUL VERLAG

EINZELSCHRIFTEN

Lara T. Mohr
Die Bedeutung subjektiv-rationaler und emotionaler Manager-Motive bei Mergers & Acquisitions – Untersucht am Beispiel der Übernahme von REEBOK durch ADIDAS
Lohmar – Köln 2009 ◆ 352 S. ◆ € 64,- (D) ◆ ISBN 978-3-89936-790-4

Wolfgang Dorfner
Ethno-Marketing unter dem Aspekt der demografischen Entwicklung
Lohmar – Köln 2009 ◆ 156 S. ◆ € 47,- (D) ◆ ISBN 978-3-89936-791-1

Jörn-Axel Meyer (Hrsg.)
Management-Instrumente in kleinen und mittleren Unternehmen – Jahrbuch der KMU-Forschung und -Praxis 2009
Lohmar – Köln 2009 ◆ 484 S. ◆ € 74,- (D) ◆ ISBN 978-3-89936-793-5

Sylvia Heller
Die Bilanzierung von Versicherungsverträgen nach IFRS – Eine ökonomische Analyse
Lohmar – Köln 2009 ◆ 304 S. ◆ € 59,- (D) ◆ ISBN 978-3-89936-795-9

Thomas M. Woytt
Fremdfinanzierungsratgeber für kleine Unternehmen
Lohmar – Köln 2009 ◆ 68 S. ◆ € 19,90 (D) ◆ ISBN 978-3-89936-800-0

Christiane Büch
Bewertung von Investitionen in der immobilienwirtschaftlichen Projektentwicklung anhand eines modularen Realoptionsmodells
Lohmar – Köln 2009 ◆ 260 S. ◆ € 57,- (D) ◆ ISBN 978-3-89936-802-4

Lesya Zalenska
Bildungsbedarfsanalyse in Unternehmen
Lohmar – Köln 2009 ◆ 148 S. ◆ € 43,- (D) ◆ ISBN 978-3-89936-804-8

JOSEF EUL VERLAG

Lesya Zalenska

Bildungsbedarfsanalyse in Unternehmen

Bibliographische Information der Deutschen Bibliothek

Die Deutsche Bibliothek verzeichnet diese Publikation in der
Deutschen Nationalbibliothek; detaillierte bibliographische
Daten sind im Internet über <http://dnb.ddb.de> abrufbar.

ISBN 978-3-89936-804-8
1. Auflage Juni 2009

© JOSEF EUL VERLAG GmbH, Lohmar – Köln, 2009
Alle Rechte vorbehalten

JOSEF EUL VERLAG GmbH
Brandsberg 6
D-53797 Lohmar
Tel.: +49 (0) 22 05 / 90 10 6-6
Fax: +49 (0) 22 05 / 90 10 6-88
http://www.eul-verlag.de
info@eul-verlag.de

**Bei der Herstellung unserer Bücher möchten wir die Umwelt schonen. Dieses
Buch ist daher auf säurefreiem, 100% chlorfrei gebleichtem, alterungsbestän-
digem Papier nach DIN 6738 gedruckt.**

Vorwort

Der Erfolg des Unternehmens hängt vom Know-how und Kompetenzen der Mitarbeiter ab. Das ist eine Binsenweise. Die Bedeutung der betrieblichen Weiterbildung ist unbestritten. Da sie ein Teil des unternehmerischen Geschehens ist, verpflichtet sie sich diesem gerecht zu werden. Das wird erreicht, wenn die Weiterbildung im Betrieb nicht nur reaktiv sondern proaktiv durchgeführt wird und vor allem dem Bedarf des Unternehmens entspricht.

Man kann deshalb im Rahmen der betrieblichen Weiterbildung nicht nicht die Bildungsbedarfsanalyse durchführen. Die Planung, Konzipierung und Durchführung der betrieblichen Bildungsmaßnahmen setzt eine Analyse bezüglich des betrieblichen Weiterbildungsbedarfs voraus.

Das vorliegende Buch befasst sich mit der Thematik der Bildungsbedarfsanalyse und intendiert einen Beitrag dazu, die Bedarfsanalyse im Rahmen des Bildungscontrollings ganzheitlich zu begreifen und systematisch angehen zu können, wobei Erkenntnisse aus zahlreichen Literaturrecherchen helfen sollen, eine differenzierte Sicht der Problematik und der Lösungsansätze zu finden.

Das Buch enthält ein großes Instrumentarium der Bildungsbedarfsanalyse. Daraus können Sie bei Bedarf ein passendes Konzept der Bedarfsanalyse entwickeln oder ein vorhandenes ergänzen.

Ich wünsche Ihnen viel Freude und Inspiration beim Lesen dieses Buches. Und ich hoffe, dass Sie neue Erkenntnisse und Anregungen für sich gewinnen können.

Hannover, im Mai 2009   *Lesya Zalenska*

„Wenn die Bedarfsanalyse ein Mist ist,
vergessen Sie den Rest"

(Frank Weber, Hypo-Vereinbank)

Inhaltsverzeichnis

Abbildungsverzeichnis

Tabellenverzeichnis

Anmerkungen:

1.   In diesem Buch wird jeweils die männliche Personform verwendet, die jedoch die weibliche Form mit einschließen soll.

2.   Der Autor des Buches benutzt die folgende Schreibweise für den Begriff – Bildungscontrolling (Genetiv: Bildungscontrollings). Es sind durchaus andere Schreibweisen zu finden, die den Originalquellen entnommen sind.

3.   Die Begriffe „Bedarfsanalyse" und „Bedarfsermittlung" werden synonym gebraucht.

4.   Die Begriffe „Bildungsbedarf", „Qualifikationsbedarf", „Weiterbildungsbedarf" werden in diesem Buch synonym gebraucht.

1. Einleitung

Anstoß und zentrale Fragestellung

Das Bildungscontrolling nimmt in deutschen Unternehmen einen hohen Stellenwert ein. Ausdruck davon ist z. B. der deutsche Fachkongress für Bildungscontrolling, der parallel zur Fachmesse für Personalwesen jährlich seit 2002 stattfindet. Ein bedeutender Auslöser für diese Debatte ist ohne Zweifel der Kostendruck im Personal- und Weiterbildungsbereich in sämtlichen Unternehmen. Die Ausgaben für die betriebliche Weiterbildung lagen - laut der Hochrechnung des Institutes der deutschen Wirtschaft Köln - im Jahr 2004 bei 26,8 Mrd. EUR.[1] Der Trainermarkt hat Konjunktur.

Die „Dritte europäische Erhebung über die berufliche Weiterbildung in Unternehmen (CVTS3)" zeigt, dass in Deutschland rund 70 % der befragten Unternehmen ihren Beschäftigten Weiterbildung anbieten.[2] Dazu wurden rund 10 000 Unternehmen mit 10 und mehr Beschäftigten aus nahezu allen Wirtschaftsbereichen befragt. Laut der Erhebung vom Institut der deutschen Wirtschaft Köln liegt diese Zahl bei 84 %.

Die Unternehmen haben erkannt, dass ein entscheidender Faktor, um die Wettbewerbsfähigkeit und den eigenen Markwert zu sichern, hochqualifizierte Mitarbeiter sind. Die Kompetenzen der Mitarbeiter sind heute ein wichtiger Erfolgsfaktor. Motivation und Know-how der Mitarbeiter sind der Rohstoff für Innovationen. Auch auf politischer Ebene wurde die Bedeutung der beruflichen Bildung erkannt. So fordern der Europäische Rat und die Bundesregierung zum lebenslangen Lernen auf. Wissen ist nicht nur für die einzelnen Unternehmen wichtig, sondern für die gesamte europäische Wirtschaft. Europa behält seine exponierte Bedeutung in diesem Bereich nur durch den Wissensvorsprung. Lebenslanges Lernen ist heutzutage eine Selbstverständlichkeit. Das Lernen umfasst dabei alle Bereiche: den beruflichen, den politischen und den allgemeinen.

Im Rahmen der betrieblichen Weiterbildung steht jedoch der Erwerb der Kompetenzen, die für Unternehmen von Bedeutung sind, im Vordergrund. Das Lernen im Unternehmen ist auch dem wirtschaftlichen Controlling unterworfen. Dabei ist die Bedarfsermittlung ein unverzichtbarer Baustein der Bildungsarbeit und ein zentrales Element des Bildungscontrollings.

---

[1] Die Ergebnisse sind aus der fünften Befragung, die in einem dreijährigen Turnus durchgeführt wird.
[2] Statistisches Bundesamt (2008): Berufliche Weiterbildung in Unternehmen: Dritte europäische Erhebung über die berufliche Weiterbildung in Unternehmen (CVTS3) 2007.

In der Praxis führen jedoch lediglich 40 % der weiterbildenden Unternehmen systematischen Analysen[3] bezüglich des Bildungsbedarfs durch. Bei 9 % der Unternehmen, die keine Weiterbildung anbieten, wird als Grund, warum sie keine Weiterbildung anbieten, „Schwierigkeiten, den Bedarf an Weiterbildung einzuschätzen" genannt.[4]

Nichtsdestotrotz steigt der Trend immer mehr, Bildungsmaßnahmen am Bedarf auszurichten. So schreiben **Seusing** und **Bötel**:

> *„Während in den 70er und 80er Jahren die Weiterbildungsabteilungen großer Unternehmen häufig Veranstaltungskataloge auflegten, in denen den Mitarbeiter ein umfangreiches Angebot unterbreitet wurde, geht die Entwicklung in den letzten Jahren mehr und mehr dahin, Weiterbildungsangebote stärker am Bedarf auszurichten, Weiterbildungsabteilungen zu Profitcenter auszubauen oder in anderer Form rechtlich zu verselbständigen. "[5]*

Daher ist das Ziel dieses Buches, die möglichen Methoden, Instrumente und Verfahren zur Ermittlung des Bildungsbedarfs aufzuzeigen. Es wird über eine Literaturanalyse und indirekt einfließende Erfahrungen aus einer durchgeführten empirischen Untersuchung geklärt, welche Methoden, Instrumente und Verfahren sich für die Bildungsbedarfsanalyse anwenden lassen und diese befördern können.

Zum Aufbau des Buches

Der Gegenstand des vorliegenden Buches ist die Bildungsbedarfsanalyse, die als zentrales Element des Bildungscontrollings betrachtet wird. Dieses Buch intendiert einen Beitrag dazu, die Bedarfsanalyse ganzheitlich im Rahmen des Bildungscontrollings zu begreifen und systematisch angehen zu können. Die Erkenntnisse sollen helfen, eine umfassende Sicht der Problematik und der Lösungsansätze zu finden.

Im Anschluss an dieses einleitende Kapitel beschäftigt sich das **zweite Kapitel** mit den Grundlagen des Bildungscontrollings. Hierbei soll der Begriff „Bildungscontrolling" definiert werden. Es gilt Bildungscontrolling von Qualitätsmanagement und Evaluation abzugrenzen. Im Weiteren werden Phasen, Ziele, Funktionen des Bildungscontrollings aufgezeigt. Es wer-

---

[3] Systematische Analysen umfassen die Erfassung des individuellen, bereichs- und organisationsspezifischen Bedarfs eines Unternehmens.
[4] Statistisches Bundesamt (2008): Berufliche Weiterbildung in Unternehmen: Dritte europäische Erhebung über die berufliche Weiterbildung in Unternehmen (CVTS3), 2007.
[5] Seusing, B./Bötel, Ch. (1999), S. 55.

den ebenso die Voraussetzungen für das Bildungscontrolling hervorgehoben. Anschließend sollen die Grenzen und Möglichkeiten des Bildungscontrollings sowie das Berufsbild diskutiert werden. Anstelle eines Fazits für dieses Kapitel wird ein Versuch unternommen, Evaluation, Qualitätsmanagement und Bildungscontrolling anhand herausgearbeiteter Merkmale vergleichend einander gegenüberzustellen.

Das **dritte Kapitel** bildet den Kern dieses Buches. In diesem Kapitel werden die Begriffe „Bildungsbedarf" und der Begriff „Bildungsbedarfsanalyse" definiert. Es wird der Stellenwert der Bildungsbedarfsanalyse aus der Praxisperspektive - basierend auf den vorliegenden empirischen Studien in der Literatur - und aus theoretischen Ansätzen aufgezeigt. Hierbei sollen auch die Schwierigkeiten und Grenzen der Bedarfsanalyse diskutiert werden. Darüber hinaus werden die Verantwortungsträger mit ihren Aufgaben bei der Bedarfsanalyse identifiziert. Es werden grundlegende Verfahren der Bedarfsanalyse dargestellt. Und im Weiteren werden neun ausgewählte Instrumente und Methoden zur Ermittlung des Bildungsbedarfs dargestellt. Zusätzlich sollen theoretische Erkenntnisse über Entwicklungspläne als langfristige Planung der betrieblichen Weiterbildung im diesem Kapitel hervorgehoben werden. Es soll der Frage nach den Widerständen und der Akzeptanz bei der Bedarfsanalyse nachgegangen werden. Den Abschluss sollen eine Quintessenz und abgeleitete Thesen zur Bedarfsanalyse bilden.

Im **vierten Kapitel** wird das Konzept „Bedarfsanalyse aus der Vogelperspekve" dargestellt, das in der Praxis erprobt wurde. Zuerst werden seine Entwicklung und seine Grundidee erläutert. Danach werden Hinweise zur Umsetzung skizziert. Eine Reflexion über dieses Konzept, die auf der Basis einer Erprobung beruht, steht dem Leser abschließend zur Verfügung.

Im **fünften Kapitel** wird aufgrund theoretischer Erkenntnisse die Bedeutung und Notwendigkeit von Entwicklungsplänen aufgegriffen. Es wird ein vom Autor dieses Buches entwickeltes Muster dargestellt, das insbesondere für die Praktiker der Personalentwicklung vom Interesse sein kann.

Das **sechste Kapitel** zeigt Konsequenzen und Perspektiven. Es wird der Forschungsbedarf aus der Sicht dieses Buches aufgezeigt. Für die Unternehmen wird eine Handlungsempfehlung entwickelt. Und mit einem Ausblick auf das Jahr 2030 wird dieses Buch beendet.

2.   Grundlagen des Bildungscontrollings

2.1   Begriffsdefinition

Bildungscontrolling ist ein relativ junger, wissenschaftsdisziplinär noch nicht eindeutig ausdifferenzierter Gegenstandbereich und zeichnet sich durch begriffliche und konzeptionelle Unschärfe aus.[6] Demzufolge ist auch der Begriff „Bildungscontrolling" relativ neu und wird heute in der Literatur nicht eindeutig definiert. Aufgrund seiner Entstehung - zwischen Ökonomie und Pädagogik – werden andere Begriffe aus beiden Wissenschaften synonym zum Begriff Bildungscontrolling verwendet.

Bildungscontrolling wird dabei häufig im Zusammenhang mit anderen Bergriffen verwendet wie:

- Qualitätssicherung,
- Qualitätsmanagement,
- Qualitätsentwicklung,
- Erfolgkontrolle,
- Evaluation,
- Kosten-Nutzen-Analyse,
- Lerntransfercontrolling,
- Personalcontrolling.[7]

Bei diesen Begriffen lassen sich differente Betrachtungsperspektiven erkennen, die sich entweder überschneiden oder auch kontrovers sind.

Es gilt eine Besonderheit dieses jungen Wissenschaftsgebietes zusammen mit Becker anzumerken: *Bildungscontrolling hat sich ohne intensive wissenschaftliche Vorklärung in der Praxis entwickelt.*[8] Etwa Anfang der 90er Jahre beginnt die wissenschaftliche Diskussion über Bildungscontrolling, was die zahlreiche *Veröffentlichungen zu diesem Thema* belegen. Einige wenige Beispiele hiervon sind:

- Landsberg und Weiss gaben 1992 ein Buch mit dem Titel „Bildungs-Controlling" heraus, wo sie akzentuieren: „Bildungscontrolling ist etwas Neues";

---

[6] Seeber, S. (2000), S. 26.
[7] Gnahs, D./Krekel, E. M. (1999), S. 3.
[8] Vgl. Becker, M. (1995), S. 64.

- Hummel veröffentlicht sein Buch unter dem Titel „Erfolgreiches Bildungscontrolling: Praxis und Perspektiven" 1999 mit Fallstudien;
- Krekel und Seusing gaben 1999 ein Buch mit dem Titel „Bildungscontrolling ein Konzept zur Optimierung der betrieblichen Weiterbildung" heraus;
- Seeber et al. gaben 2000 das Buch „Bildungscontrolling: Ansätze und kritische Diskussionen zur Effizienzsteigerung von Bildungsarbeit" heraus.

Von 1999 bis 2001 erlebten die Veröffentlichungen zum Thema Bildungscontrolling einen Höhepunkt. In den letzten Jahren ist eine sehr stark sinkende Tendenz zu beobachten.

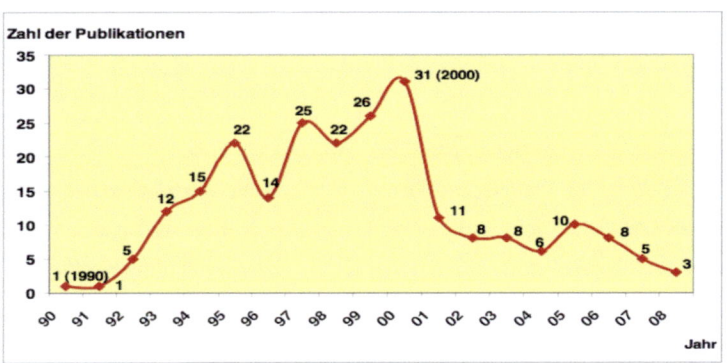

Abb. 1: Konjunktur des Themas in der Literatur
Quelle: Käpplinger (2008), unveröffentliches Manuskript

Becker definiert *Bildungscontrolling* als

> *„ein ganzheitlich-integratives Steuerungsinstrument der Unternehmungsführung zur wissenschaftlich-systematischen Evaluierung des erreichten und/oder des erwarteten Bildungsnutzens in Relation zu den vorgegebenen Bildungszielen und den eingesetzten Ressourcen."*[9]

Für ihn steht somit die *ökonomische Steuerung* der Bildungsaktivitäten im Vordergrund. Im Weiteren sieht Becker die Beschäftigung mit Bildungscontrolling und die Erarbeitung von Controllinginstrumenten für die Weiterbildung aus den nachstehenden praktisch-relevanten Interessen als bedeutsam an:

- Feststellen und Überwachen der Wirtschaftlichkeit der eingesetzten Mittel;
- Bereitstellen von Vergleichsunterlagen und Entscheidungshilfen;

---

[9] Becker, M. (1999), S. 403.

- Sichern von Unterlagen für das betriebliche Rechnungswesen;
- Sammeln statistischer Unterlagen.[10]

Heeg und Jäger definieren *Bildungscontrolling* wie folgt:

> *„Bildungscontrolling beinhaltet ein umfassendes Planungs-, Bewertungs- und Informationssystem zur Koordination und Steuerung der betrieblichen Bildungsprozesse in enger Abstimmung mit den Unternehmenszielsetzungen zur Erfassung und Darstellung der Effizienz und der Effektivität sowie der Kosten von Bildungsprozessen.“[11]*

Für sie ist das Bildungscontrolling „ein Instrumentarium zur Strategieentwicklung und -verfolgung. Es soll die enge Verzahnung zwischen Unternehmens- und Bildungsplanung ermöglichen und somit die optimale Planung des erforderlichen „Humankapitals" und dessen Einsatzes sicherstellen."[12]

In den ersten Diskussionen über Bildungscontrolling, insbesondere in den 90er Jahren, rückt der ökonomische Aspekt in den Vordergrund. Danach wird sowohl dem *pädagogischen* wie auch dem *ökonomischen* Aspekt mehr Aufmerksamkeit geschenkt. Dies schlägt sich auch in den Definitionen nieder. **Krekel et al.** definieren in diesem Sinne *Bildungscontrolling* wie folgt:

> *„Bildungscontrolling ist ein Instrument zur Optimierung der Planung, Steuerung und Durchführung der betrieblichen Weiterbildung. Es ist an den einzelnen Phasen des gesamten Bildungsprozesses ausgerichtet und reicht von der Ermittlung des Weiterbildungsbedarfs über die Zielbestimmung der Weiterbildung, die Konzeption, Planung und Durchführung von Bildungsmaßnahmen bis hin zur Erfolgskontrolle und Sicherung des Transfers ins Arbeitsfeld. Die Bildungsarbeit wird dabei nicht nur unter pädagogischen Gesichtspunkten betrachtet, sondern auch unter Beachtung ökonomischer Kriterien überprüft und bewertet. Fragen nah dem Nutzen von Weiterbildung stehen somit im Vordergrund.“[13]*

Auf diesen *Wandel* machen **Seeber et al.** aufmerksam:

> *"Bildungscontrolling wird zunehmend als ein Ansatz aufgefasst, der der Optimierung der Bildungsarbeit gleichermaßen unter ökonomischer als auch pädagogischer Perspektive dient bzw. dienen kann.“[14]*

---

[10] Vgl. Becker, M. (1999), S. 400.
[11] Heeg, F./Jäger, C. (1992), S. 267.
[12] Heeg, F./Jäger, C. (1992), S. 267.
[13] Krekel, E. M./von Bardeleben, R./Beicht, U. (2001), S. 7.
[14] Vgl. Seeber, S./Krekel, E. M./van Buer, J. (2000), S. 9.

Zum besseren Verständnis des Begriffes „Bildungscontrolling" bedarf es der Klärung des Begriffes **„Controlling"**.

Das Wort „Controlling" bleibt in der deutschen Sprache *ohne eine adäquate Übersetzung*. Controlling wird aber oft sehr begrenzt verstanden und mit Kontrolle gleichgestellt, wobei Kontrolle sicherlich auch eine der Aufgaben des Controllings ist. **Horváth** betont:

> *„Controlling ist weit mehr, nämlich ein funktionsübergreifendes Steuerungsinstrument mit der Aufgabe der Koordination von Planung, Kontrolle und Informationsversorgung."*[15]

Aus dieser Definition lassen sich die *Hauptaufgabengebiete des Controllings* erkennen: *Planung, Kontrolle und Steuerung*.

Vollmuth vergleicht Controlling mit dem kybernetischen System:

> *„Kybernetes ist der griechische Ausdruck für Steuermann. Es ist die Aufgabe eines Steuermannes, sein Schiff unabhängig von Einflüssen durch Strömungen und Wind nach den jeweiligen Positionsmeldungen durch entsprechende Gegensteuerungsmaßnahmen auf dem vorher festgelegten Kurs zu halten."*[16]

Der Controller ist für den Autor der Lotse, dessen Aufgabe es ist, die Wege zur Erreichung der Ziele zu finden.

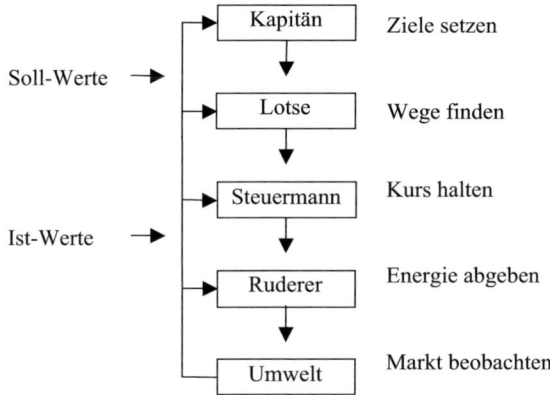

Abb. 2: Kybernetisches System
Quelle: Vollmuth (1989, S. 13)

---

[15] Horváth, P. (1991), S. 4.
[16] Vollmuth, H. J. (1989), S. 12.

Horváth weist darauf hin, dass der Controller somit die „Transparenzverantwortung" im Unternehmen im Unterschied zur Führung hat, die die „Entscheidungsverantwortung" besitzt.[17] Die Wege finden, die Transparenz schaffen – explizieren auf die Perspektive des Controllings, nämlich auf die *Zukunftsperspektive*. Das ist der Unterschied zur Kontrolle, die Abweichungen im Fokus behält und sich somit an der Vergangenheit orientiert.

> Zwei Aspekte, zwei Perspektive, zwei Felder werden zu einer Einheit mit dualem Charakter zusammengeführt.

Hummel hebt hervor:

> *„Die Besonderheit des Bildungscontrollings und damit auch das Neue liegt in seiner Dualität."*[18]

Mit gutem Recht verweist **Becker** auf *drei inhaltliche Phänomene des Bildungscontrollings:*

1. „Erstens soll mit Bildungscontrolling der Wertschöpfungsbeitrag der betrieblichen Bildungs- und Förderaktivitäten zur Unternehmensleistung ermittelt, geplant und gesteuert werden.

2. Zweitens erfasst Bildungscontrolling das Wertegefüge der Bildungs- und Förderaktivitäten im engeren Sinne. Die ökonomische Erfassung, Planung, Steuerung und Kontrolle der für Bildung und Förderung aufgewandten bzw. aufzuwendenden Mittel steht im Vordergrund des Interesses.

3. Drittens sollte Bildungscontrolling die pädagogischen Quantitäten und Qualitäten der Lernprozesse erfassen. Die pädagogische Erfassung, Planung, Steuerung und Kontrolle des Lernarrangements steht im Vordergrund des Interesses."[19]

Die qualitativen und die quantitativen Prozesse werden verzahnt. Dies bedarf einer besonderen Haltung, die die Gestaltung mit Verantwortung für beide Prozesse durchführen kann. **Becker** sieht in dieser Denkhaltung einen *Weg aus der Sackgasse* der quantitativen Bildungskontrolle und einen gangbaren Pfad in die eigenverantwortlich handelnde lernende Organisation.[20]

---

[17] Vgl. Horváth, P. (1991), S. 4.
[18] Hummel, Th. R. (1999), S. 15.
[19] Becker, M. (1995), S. 63.
[20] Vgl. Becker, M. (1995), S. 74.

Philosophie, pädagogische und ökonomische Haltung, Prozessoptimierung - damit nähert sich das Bildungscontrolling den tatsächlich nah stehenden anderen Gebieten der Bildungsarbeit und des Managements.

Im Folgenden wird es notwendig sein, Bildungscontrolling von Evaluation und Qualitätsmanagement abzugrenzen. Es werden in kurzer Form deren Besonderheiten aufgezeigt, um im Weiteren das Bildungscontrolling isoliert zu betrachten.

2.2 Abgrenzung der Begrifflichkeiten

2.2.1 Evaluation

Der Begriff der Evaluation meint allgemein die **Bewertung** bzw. **Beurteilung** von Prozessen oder Zuständen anhand *selbstgesetzter* oder *vorgegebener Ziele*, und zwar mit Hilfe empirisch erhobener Befunde und zum Zwecke der Steuerung und Verbesserung der Prozesse oder Zustände.[21]

Wunderer und **Jaritz** betonen hierzu, dass eine Evaluation eine Bewertung und damit eine Messung ist.[22] Die Autoren machen auf die *subjektive Komponente der Evaluation* aufmerksam.

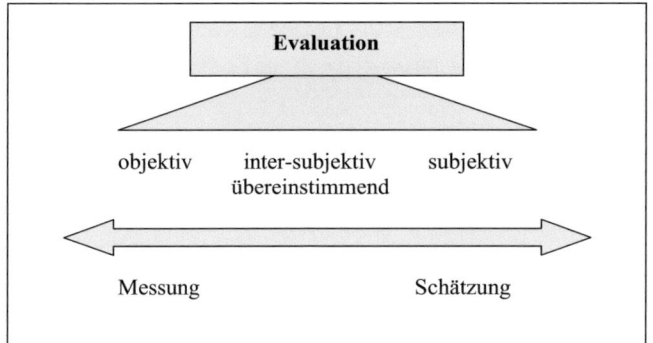

Abb. 3: Evaluation als Oberbegriff von Messung und Schätzung
Quelle: Wunderer/Jaritz (2000, S. 27)

---

[21] Gnahs, D./Krekel, E. M. (1999), S. 14. Hervorhebung vom Verfasser der Arbeit.
[22] Vgl. Wunderer, R./Jaritz, A. (2007), S. 26.

Hartz und **Meisel** heben hervor, dass Evaluation *traditionell Thema der Pädagogik* ist und auf eine Verbesserung der pädagogischen Interaktion zielt.[23] Das bedeutet, dass die Lehr- und Lern-Prozesse der Evaluation unterzogen werden. Ähnlich äußern sich **Gnahs** und **Krekel**:

> *„Im Vordergrund der Evaluation steht die Beurteilung der Effektivität eines Seminars oder einer Bildungsmaßnahme."*[24]

Laut **Will et al.** lässt sich der Ablauf jeder Bildungsmaßnahme in unterschiedlichen Ebenen einteilen und jeder Ebene ein Evaluationsfeld zuordnen.[25]

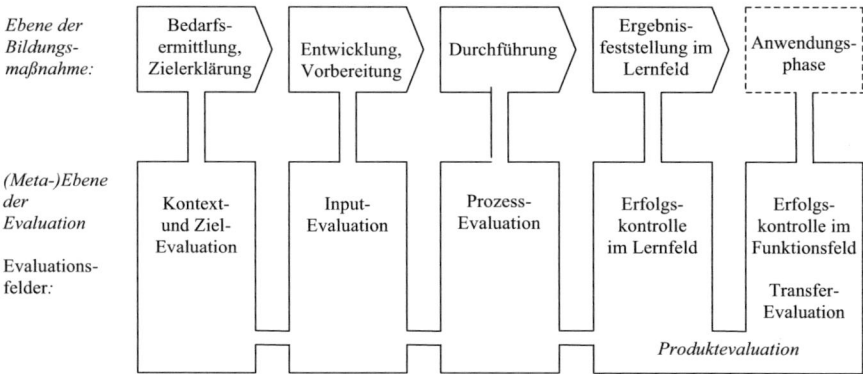

Abb. 4: Schematischer Ablauf von Maßnahmen der Aus- und Weiterbildung (Ebene der Bildungs-maßnahme) mit der Zuordnung von Evaluationsfeldern (Metaebene)
Quelle: Will/Winteler/Krapp (1987, S. 19)

Die wichtigsten *Merkmale der Evaluation* werden von **Liebald** in ihrem Gutachten für die Vorstudie zur Evaluation der Weiterbildung „Darstellung unterschiedlicher Evaluationsan-sätze" herausgearbeitet:

- „Evaluation wird in der Regel mit Hilfe von *Methoden* der empirischen (quantitativen und qualitativen) Sozialforschung durchgeführt.

- Evaluation kann als wichtiges *Instrument* der Ergebnissicherung, sondern auch der Planung und Prozessbegleitung eingesetzt werden.

- Evaluation ist in besonderem Maße *praxisorientiert*. Sie findet vor Ort statt oder ist auf Praxisveränderung oder -verbesserung ausgerichtet.

---

[23] Vgl. Hartz, S./Meisel, K. (2006), S. 54.
[24] Gnahs, D./Krekel, E. M. (1999), S. 15.
[25] Vgl. Will, H./Winteler, A./Krapp, A. (1987), S. 18.

- Evaluation kann danach fragen, ob und in welcher Form bestimmte Ergebnisse oder Ziele erreicht werden – ob also *effektiv* gearbeitet wurde.

- Evaluation kann auch danach fragen, wie die Ergebnisse/Ziele erreicht wurden, mit welchem (finanziellen, personellen, zeitlichen) Aufwand gearbeitet wurde. Hierbei geht es darum, ob die Maßnahme auch *effizient* durchgeführt wurde."[26]

In der Evaluationsforschung ist eine Reihe von unterschiedlichen **Evaluationsansätzen** bzw. **Evaluationsverfahren** entwickelt worden. Im Wesentlichen können drei verschiedene Zugangsweisen herauskristallisiert werden:

(1) Evaluation als *Bewertungsfunktion* (z. B. Wulf, 1972; Wottawa, 1986);

> *„Evaluation zielt auf die Dokumentation und Bewertung, d. h. auf die Sammlung, Verarbeitung und Interpretation von Informationen, mit der Absicht, bestimmte Fragen über Innovationen zu beantworten.* "[27]

(2) Evaluation als *Entscheidungsfunktion* (z. B. Stufflebeam, 1972);

> *„Im Allgemeinen bedeutet Evaluation die Gewinnung von Informationen durch formale Mittel wie Kriterien, Messungen und statistische Verfahren mit dem Ziel, eine rationale Grundlage für das Fällen von Urteilen in Entscheidungssituationen zu erhalten.* "[28]

(3) Evaluation als *Reflexionsfunktion* (z. B. Gerl und Pehl, 1983);

> *„Evaluation sollen alle jene Handlungen heißen, die dazu dienen, den Grad der Reflexivität von oder in Lernsituationen zu erhöhen.* "[29]

> Es ist offensichtlich, dass diese sich je nach *Erkenntnisinteresse, Zeitpunkt oder Blickwinkel* unterscheiden lassen.

Laut **Liebald** ist eine wichtige Unterscheidung zwischen der *Input-, Output- und Prozessevaluation* zu treffen.[30] Darüber hinaus werden die Evaluationsansätze im Hinblick auf *interne und externe Verfahren* bzw. *Fremd- und Selbstevaluation* unterschieden.[31] Liebald veranschaulicht das Spannungsverhältnis zwischen den Polaritäten und die Zuordnung verschiedener Evaluationsansätze mit nachstehender Graphik.

---

[26] Vgl. Liebald, Ch. (1996), S. 241f.
[27] Wulf, Ch. (1972), S. 582.
[28] Stufflebeam, D. L. (1972), S. 124.
[29] Gerl, P./Pehl, K. (1983), S. 19.
[30] Vgl. Liebald, Ch. (1996), S. 242.
[31] Hartz, S./Meisel, K. (2006), S. 47.

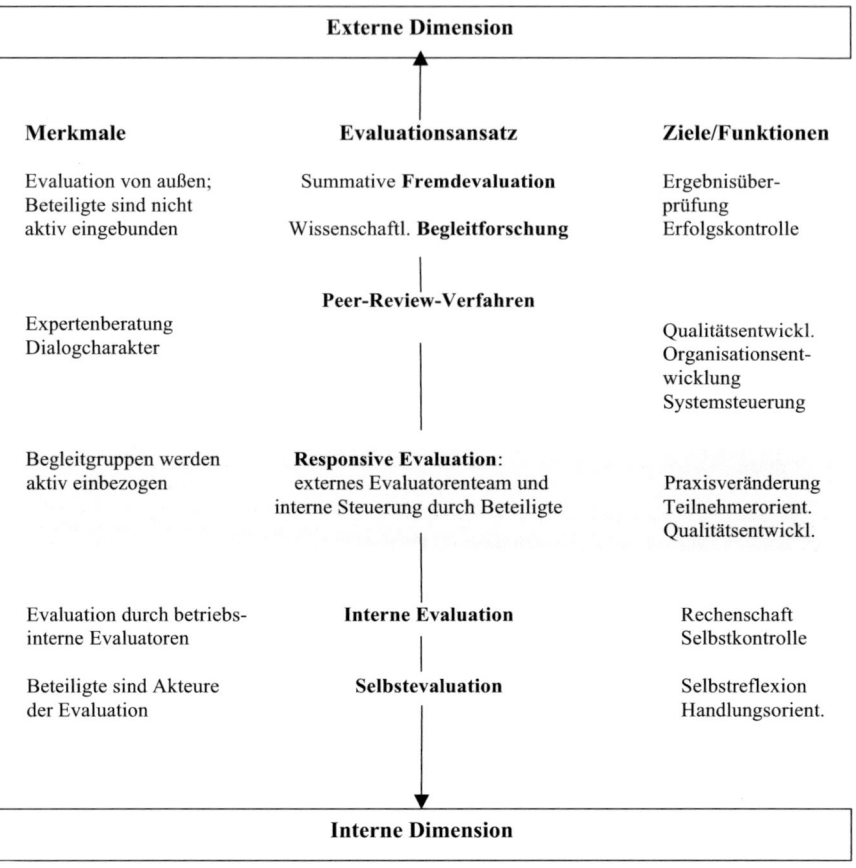

	Externe Dimension	
Merkmale	**Evaluationsansatz**	**Ziele/Funktionen**
Evaluation von außen; Beteiligte sind nicht aktiv eingebunden	Summative **Fremdevaluation** Wissenschaftl. **Begleitforschung**	Ergebnisüber- prüfung Erfolgskontrolle
Expertenberatung Dialogcharakter	**Peer-Review-Verfahren**	Qualitätsentwickl. Organisationsent- wicklung Systemsteuerung
Begleitgruppen werden aktiv einbezogen	**Responsive Evaluation**: externes Evaluatorenteam und interne Steuerung durch Beteiligte	Praxisveränderung Teilnehmerorient. Qualitätsentwickl.
Evaluation durch betriebs- interne Evaluatoren	**Interne Evaluation**	Rechenschaft Selbstkontrolle
Beteiligte sind Akteure der Evaluation	**Selbstevaluation**	Selbstreflexion Handlungsorient.
	Interne Dimension	

Abb. 5: Evaluationsansätze
Quelle: Liebald (1996, S. 243)

Wottawa weist auf die *Problemaspekte der Evaluation* hin und empfiehlt, sich an folgenden *Leitfragen* zu orientieren:[32]

- Was wird evaluiert?
- Wo wird evaluiert?
- An welchen Zielen orientiert sich die Evaluation?
- Warum wird evaluiert?
- Womit wird verglichen?

---

[32] Vgl. Wottawa, H. (1986), S. 708ff.

Bei der Sichtung der Literatur wird von verschiedenen Autoren eine Fülle praktikabler Funktionen der Evaluation genant. Beispielweise führen **Will et al.** folgende *Funktionen von Evaluation* aus:

- Steuerung- und Optimierungsfunktion;
- Bewertungs- und Beurteilungsfunktion;
- Kontroll- und Disziplinierungsfunktion;
- Entscheidungsfunktion;
- Dokumentations- und Legimitationsfunktion;
- Erkenntnisfunktion;
- Integrierende und kommunikationsfördernde Funktion;
- Weiterbildungsfunktion.[33]

Als *Instrumente der Evaluation* können Interview, Fragebogen, Beobachtung, Übung, Test, Kontrollfragen und Gruppendiskussion genannt werden. Evaluation hat somit in der Regel einen definierten Anfang und ein definiertes Ende.

Evaluation ist auf dem pädagogischen Gebiet entstanden und hat dort ihre Notwendigkeit und Wirksamkeit bereits bewiesen. Aber dank ihrer Multifunktionalität, die vor allem praktische Aspekte beinhaltet, zieht die Evaluation in andere Gebiete ein. Die Evaluationsansätze sind bereits in der Psychologie, in der Wirtschaft und in der Forschung und Entwicklung zu finden. Diverse Gegenstände werden zu *Evaluationsobjekten* gemacht: Personen, Gruppen, Produkte, Methoden, Projekte, Systeme, Strukturen.

Frey betrachtet diesen Zustand allerdings sehr kritisch:

> *"In den letzten Jahren ist eine neue, sich fieberhaft ausbreitende Krankheit ausgebrochen: Jedes und alles wird unablässig evaluiert."*[34]

Er spricht sich nicht gegen die Evaluationen an sich aus, aber für ein gewisses Maß an Reduzierung der Evaluationen.

Die Anwendung der Evaluation ist sicherlich auf vielen Gebieten denkbar. Allerdings bleibt sie dem Gesamtprozess des unternehmerischen Geschehens entzogen. Der *unternehmerische*

---

[33] Will, H./Winteler, A./Krapp, A. (1987), S. 20 ff.
[34] Frey, B. S. (2006), S. 2.

Charakter fehlt der Evaluation. Das ist der Unterschied zum Bildungscontrolling. **Hummel** betont, dass Evaluation meist eindimensional, nur pädagogisch oder nur psychologisch ist. Controlling dagegen ist offen – bezüglich der Bildung zweidimensional.[35]

2.2.2 Qualitätsmanagement

Die Wirtschaft und das Bildungssystem stehen scheinbar in einem Prozess des gegenseitigen Austausches. Die Evaluationsansätze sind in der Wirtschaft genau so willkommen, wie erprobte Instrumente, Methoden, Verfahren und Modelle des Qualitätsmanagements in der Bildung. Es ist zweifellos sowohl eine Notwendigkeit wie auch eine Bereicherung für die beiden Gebiete.

In diesem Abschnitt gilt es, die **Grundlagen des Qualitätsmanagements** und die besonderen Aspekte des Qualitätsmanagements in der Weiterbildung bzw. in der betrieblichen Weiterbildung aufzuzeigen. Davon ausgehend soll versucht werden, das Qualitätsmanagement vom Bildungscontrolling abzugrenzen. Es ist erforderlich an dieser Stelle den Begriff Qualitätsmanagement zu definieren, was zwangsläufig zuerst zur Notwendigkeit der Definition des Begriffes Qualität führt.

Der Begriff *Qualität* wird nach ISO 9000:2001-12 wie folgt definiert:

> *„Grad, in dem ein Satz inhärenter Merkmale (An)forderungen erfüllt.*
>
> *Anmerkung 1: Die Benennung „Qualität" kann zusammen mit Adjektiven wie schlecht, gut oder ausgezeichnet verwendet werden.*
>
> *Anmerkung 2: "Inhärent" bedeutet im Gegensatz zu „zugeordnet" „einer Einheit innewohnend", insbesondere als ständiges Merkmal."*[36]

Qualitätsmanagement wird nach DIN EN ISO 9000 als

> *„aufeinander abgestimmte Tätigkeiten zur Leitung und Lenkung einer Organisation bezüglich Qualität"* definiert.

Leitung und Lenkung bezüglich Qualität umfassen üblicherweise die Festlegung der Qualitätspolitik und von Qualitätszielen, die Qualitätsplanung, die Qualitätslenkung, die Qualitätssicherung und die Qualitätsverbesserung.[37]

---

[35] Vgl. Hummel, Th. R. (1999), S. 18.
[36] Zit. n. Zollondz, H.-D. (2002), S. 152.

Für ein Qualitätsmanagement ist die Basis eine *Qualitätspolitik*. **Vock** weist hin, dass das Qualitätsmanagement ein Teil der *Gesamtführungsaufgabe* auf der Ebene der obersten Leitung ist.[38] Daher fällt der *Geschäftsführung die Schlüsselrolle* beim Qualitätsmanagement zu. Folgend betont Vock, dass die Verantwortung für das Entstehen, die Weiterentwicklung und die Anwendung des Qualitätsmanagement bei der obersten Leitung liegt und die Mitarbeiter und Mitarbeiterinnen am Qualitätsmanagement mitwirken und sich verpflichten, die Qualitätsanforderungen in ihm zu erfüllen.[39]

Mit Hilfe des Qualitätsmanagements wird die Qualitätspolitik einer Organisation verwirklicht. Auf der nachstehenden Grafik werden die Phasen und die Komponenten des Qualitätsmanagements aufgezeigt, aus denen das gesamte Haus der Qualität entsteht. Das Qualitätsmanagement ist ein *kontinuierlicher Prozess*, bei dem sich eine Phase der anderen anschließt.

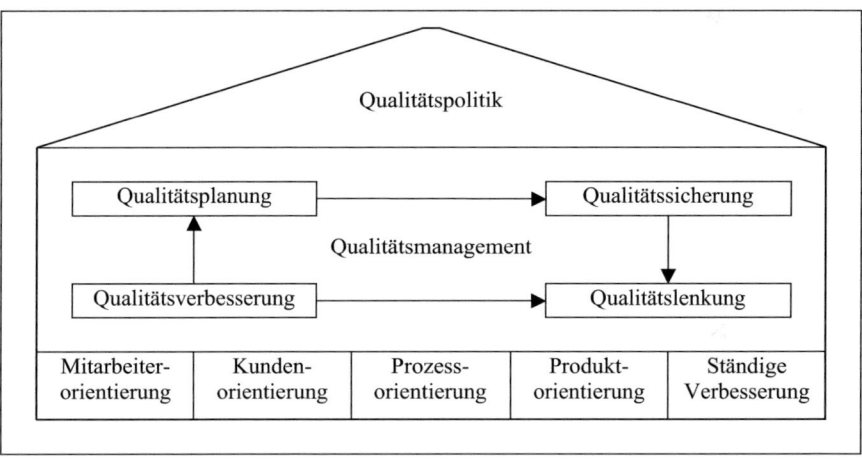

Abb. 6: Komponenten des Qualitätsmanagements
Quelle: Reinhart/Lindemann/Heinzl (1996, S. 22)

Das *Ziel von Qualitätsmanagement* ist die *Qualitätssicherung und Qualitätsentwicklung*. Die Qualitätssicherung ist wiederum ein wichtiges Instrument zur Herstellung von Transparenz über betriebliche Abläufe und Organisationsprozesse, zur Regelung von Zuständigkeit und zur Orientierung an Unternehmenszielen.[40]

---

[37] Kamiske, G. F./Brauer J.-P. (2002), S. 60.
[38] Vgl. Vock, R. (1998), S. 74.
[39] Vgl. Vock, R. (1998), S. 74.
[40] Vgl. Gnahs, D./Krekel, E. M. (1999), S. 18.

Reinhart et al. weisen auf die Herstellung von ***Kundenzufriedenheit*** als oberstes Ziel des Qualitätsmanagements hin.[41] Somit erhalten die Wünsche und Anforderungen der Kunden eine zentrale Bedeutung im Rahmen des Qualitätsmanagements. Kundenzufriedenheit wird als wichtige Voraussetzug für die Erwirtschaftung der Gewinne gesehen. Ähnlich äußert sich auch **Vock:**

> *„Ein Qualitätsmanagement soll sicherstellen, dass die Kundenanforderungen identifiziert und in entsprechende Güter oder Dienstleistungen transformiert werden, welche diesen Anforderungen genügen."*[42]

Kunden gewinnen und Kunden behalten – genau das war der Auslöser für die Entwicklung des Qualitätsmanagements in den 80er Jahren. Die große Konkurrenz auf dem Weltmarkt führt zur Entwicklung der umfassenden Qualitätskonzepte. Bei diesen Konzepten wird die Qualität als strategischer Wettbewerbsfaktor eingesetzt. So entwickelte und entfaltete sich das Qualitätsmanagement, von den Kontrollelementen bis zum ganzheitlichen Qualitätsmanagement in der Industrie. Heute wird das ganzheitliche Qualitätsmanagement (Total Quality Management) als *Denkhaltung*, als *Philosophie* wahrgenommen. Die bekanntesten Qualitätsmanagementmodelle sind das ***EFQM-Modell*** sowie die ***ISO 9000***. Aber nicht nur die Kundenzufriedenheit, sondern auch die Mitarbeiterzufriedenheit, Verbesserung der Handlungs- und Arbeitsprozesse, Verbesserung der Kommunikation in der Organisation, Entwicklung neuer Produkte und Lösungen sind die Inhalte des Qualitätsmanagements.

Die **Qualitätsdiskussion in der Weiterbildung** beginnt erst in den 90er Jahren. Ein wichtiger *Auslöser* für die Qualitätsdiskussion war ohne Zweifel der offensichtliche *Missbrauch von Fördermitteln* aus dem Haushalt der Bundesanstalt für Arbeit in den neuen Bundesländern.[43] Es entstand die Notwendigkeit zum Einsetzen von Qualitätsmaßstäben im Bildungsbereich ***zum Schutz der Teilnehmenden*** (Gnahs/Krekel, 1999) der Bildungsmaßnahmen.

Gnahs und **Krekel** betonen:

> *„Insbesondere für die finanzielle Förderung beruflicher Weiterbildung sind verschiedene Qualitätskonzepte zum Schutz der Teilnehmenden bzw. des Verbrauchers entstanden."*[44]

---

[41] Vgl. Reinhart, G./Lindemann, U./Heinzl, J. (1996), S. 13.
[42] Vock, R. (1998), S. 71.
[43] Gnahs, D. (1998), S. 1.
[44] Vgl. Gnahs, D./Krekel, E. M. (1999), S. 17.

Bildung ist ein Prozess und eine Dienstleistung und somit ließen sich die prozessorientierten Verfahren und Instrumente aus der Qualitätsdiskussion in der Industrieproduktion auf den Bildungsbereich übertragen. So meint **Sauter**:

> *„Qualitätssicherung und Qualitätsmanagement sind keine Erfindungen aus dem Bildungssystem, ihre Instrumente haben sich inzwischen jedoch auch im Bildungswesen durchgesetzt."*[45]

Aber das Qualitätsmanagement ist im Bildungsbereich mit einer speziellen ***Problematik*** verbunden. **Münch** äußert seine Bedenken:

> *„Der entscheidende Unterschied besteht darin, dass „technische" Qualität relativ leicht bestimmt, operationalisiert und gemessen werden kann; dies ist nicht so bei der „Bildungsqualität."*[46]

Allerdings handelt es sich um viel mehr als nur um die Festlegung der Qualitätsstandards in der Bildung. Bei der Herstellung wird in der Regel nach eigenen Vorgaben des Herstellers installiert bzw. optimiert, der später seinem Kunden nur das Endergebnis präsentiert. Bei der Bildung sieht es ganz anders aus. Bildung ist ein Prozess, sozusagen ein Produktionsprozess von Bildung mit einer wesentlichen Eigenart: der Teilnehmer wirkt in diesem Produktionsprozess mit, beeinflusst ihn also und damit auch die Qualität des Outputs.[47] Darüber hinaus ist die Bildung eine Dienstleistung, die „man nicht ansehen, anfassen oder Probe fahren kann".[48]

Nichtsdestotrotz wird das Qualitätsmanagement im Bildungsbereich weiter adoptiert, integriert und entwickelt. Mit der CERTQUA wurde 1994 die erste Zertifizierungsgesellschaft, die auf Bildungsprozesse spezialisiert ist, vom Deutschen Industrie- und Handelstag, von der Bundesvereinigung der Deutschen Arbeitgeberverbände und dem Zentralverband des Deutschen Handwerks gegründet.[49]

Im Laufe der Zeit gewinnt das Qualitätsmanagement im Bildungsbereich über den Schutz der Teilnehmer hinaus eine andere Funktion. Die Betriebe und Bildungsträger wollen mit Qualitätsverfahren und der Anwendung von Qualitätskriterien einen ***Wettbewerbsvorteil*** erreichen.[50] Diese Funktion hat eine große Relevanz bei den öffentlichen Bildungsträgern. Was die

---

[45] Sauter, E. (2000), S. 17.
[46] Münch, J. (1995), S. 135f.
[47] Vgl. Woortmann, G. (1995), S. 46.
[48] Woortmann, G. (1995), S. 46.
[49] Gnahs, D./Krekel, E. M. (1995), S. 153.
[50] Vgl. Balli, Ch./Krekel, E. M./Sauter, E. (2002), S. 11.

betriebliche Weiterbildung anbelangt, ist sie zwar der Qualitätssicherung im Rahmen des Qualitätsmanagement des ganzen Unternehmens unterworfen, steht aber nicht unter Konkurrenzdruck.

Trotz aller Versuche Maßstäbe für die Qualität in der betrieblichen Bildung zu setzen, berichtet Sauter:

> *„Es gibt keinen generellen gesellschaftlichen Konsens über das, was Qualität der beruflichen Bildung ausmacht. (...) Beispiele für Qualitätsvorstellungen, die sich auf Teilbereiche der beruflichen Bildung erstrecken, sind die nach gesetzlichen Vorgaben entwickelten beruflichen Mindeststandards in Ausbildungs- und Fortbildungsordnungen. Inhaltliche Mindeststandards sind darüber hinaus in der Regel dort anzutreffen, wo es um Kriterien für finanzielle Förderung geht, wie z. B. bei Kriterien für die von der Bundesanstalt geförderte Weiterbildung. Für weite Teile der (ungeregelten) Weiterbildung gelten Pluralität und Wettbewerb auch für die Qualitätsvorstellungen und -ansprüche."*[51]

Es sind grundsätzliche Folgerungen aus dieser Diskussion zu ziehen:

Das Qualitätsmanagement ist ein Teilbereich des Managements. Sein Ziel ist die Qualität von Produkten oder Dienstleistungen zu erhalten oder weiterzuentwickeln. Dies führt nicht zwangsläufig zu einem höherwertigen Ergebnis, sondern steuert nur die Erreichung der vorgegebenen Qualität. Allerdings ist Qualität statisch. Das Qualitätsmanagement zeichnet sich durch seine Prozessorientierung aus.

Im Bildungssektor hat sich das Qualitätsmanagement bereits auch etabliert. *Das Qualitätsmanagement in der Bildung behält seine grundlegenden Eigenschaften und schafft seine eigenen Besonderheiten.* So sind die Teilnehmer der Bildungsmaßnahmen gleichzeitig die Verbraucher und Produzenten der Ergebnisse. Es ist offensichtlich ein gemeinsamer Prozess der „Anbieter" und „Nachfrager", wobei die „Anbieter" insbesondere für die Rahmenbedingungen und die „Nachfrager" für die Endresultate verantwortlich sind.

Die Abgrenzung der Begrifflichkeiten wird an dieser Stelle abgeschlossen. Im Weiteren werden die Phasen des Bildungscontrollings dargestellt sowie Ziele und Funktionen erörtert.

---

[51] Sauter, E. (2000), S. 17.

2.3   Phasen/Elemente des Bildungscontrollings

Die dargestellte Definition vom Bildungscontrolling verdeutlicht, dass Bildungscontrolling ein umfassender Ansatz bzw. ein umfassendes Instrument im Rahmen der betrieblichen Weiterbildung ist. Laut **Becker** schließt Bildungscontrolling an jedem Element des *Funktionszyklus betrieblicher Weiterbildung* an (Bildungsbedarfsanalyse, Zielsetzung, kreatives Gestalten, Realisierung der Maßnahmen, Erfolgskontrolle und Transfersicherung).[52]

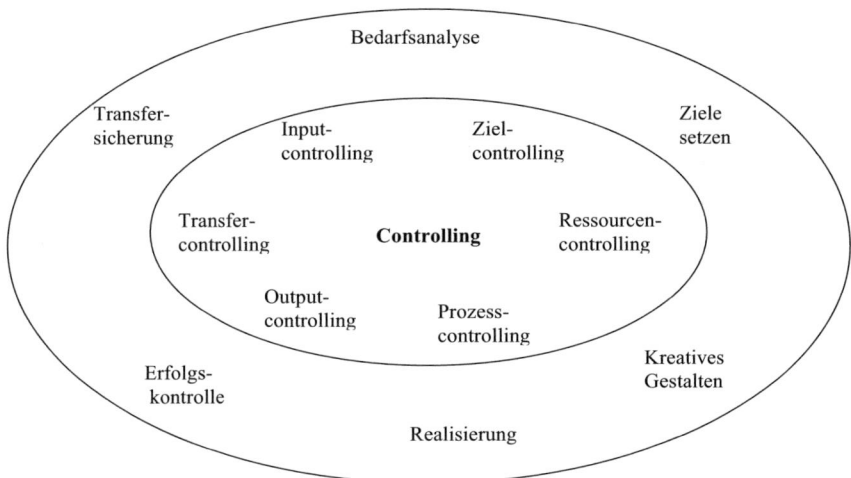

Abb. 7: Bildungscontrolling im Funktionszyklus betrieblicher Bildungsarbeit
Quelle: Becker (1999, S. 409)

Für **Hummel** ist Bildungscontrolling ebenso *kein linearer Vorgang, sondern ein Prozess,* in dem einzelne Abschnitte (Zielfindung, Bedarfsanalyse, Bildungsmaßnahme, Transfer und Evaluation) ständig wiederkehrende Prozesse sind und sich in einen zyklischen Gesamtprozess eingliedern.[53]

Enderle schlägt ein *5-Phasen-Konzept* des Bildungscontrollings vor. Demzufolge hat Bildungscontrolling folgende Phasen:

1. Ermittlung des Qualifikationsbedarfs:

• Ist-Analyse der betrieblichen Situation und der vorhandenen Qualifikationen;

---

[52] Vgl. Becker, M. (1999), S. 399.
[53] Vgl. Hummel. Th. R. (1999), S. 25f.

- Soll-Ermittlung geplanter betrieblicher Veränderungen, erwarteter Qualifikations-anforderungen sowie des Qualifikationsbedarfs im Sinne von Entwicklungszielen;

2. Vorbereitung der Qualifizierungsmaßnahme:

- Auswahl von Teilnehmern, Lernform und -ort;
- Sicherstellung von Information und Abstimmung zwischen Unternehmen und Durch-führern sowie Praxis- und Problembezug;
- Einstellen des Teilnehmers sowie des Umfeldes auf die Bildungsmaßnahme;

3. Durchführung der Qualifizierungsmaßnahme:

- Sicherstellung eines störungsfreien Ablaufs der Maßnahme;
- Einhaltung fachlicher und methodisch-didaktischer Anforderungen;
- Gewährleistung von Teilnehmerorientierung und Feedback durch Bewertung des Se-minars;
- Durchführung von Lernkontrollen;

4. Sicherstellung des Transfers:

- Transfersicherung in der Vorbereitung und Nachbereitungsphase über die üblichen Transfersicherungsinstrumente sowie zeitliche Kontiguität der Einübung, Ausräumen von Transferhindernissen, Nutzung des Multiplikatoreneffektes;

5. Kontrolle des Qualifikationserfolges:

- Überprüfung der Qualifikationsmaßnahmen im Hinblick auf individuelle und be-triebliche Anforderungen;
- Sicherstellung qualifikationsprozessbegleitender Kontrollen;
- Weitergabe von Hinweisen an den Anbieter zur bedarfsgerechten Verbesserungen der Maßnahmen.[54]

Allerdings ist es nicht erstaunlich, dass die verschiedenen Ansätze sich inhaltlich mehr oder weniger stark überschneiden. Jeder Funktionszyklus des Bildungscontrollings basiert auf den Grundfunktionen der betrieblichen Weiterbildung. Gemeinsam ist allerdings allen reflektier-ten Controlling-Ansätzen, dass sie nicht erst Ergebniskontrolle in der Endphase der Lei-stungserstellung ansetzen, sondern dass sie den Gesamtprozess von der Planung bis zur

---

[54] Vgl. Enderle, W. (1995). Zit. n. Gerlich, P. (1999), S. 37.

Erfolgssicherung umfassen.[55] Das betriebliche Bildungswesen ist ein Teil des Unternehmens. Daraus folgt, dass jeder Teil des Unternehmens den Zielvorgaben folgt und eigene Funktionen und Aufgaben zu erfüllen hat.

2.4   Ziele und Funktionen des Bildungscontrollings

Viele Anhänger des Bildungscontrollings – M. Becker, Th. R. Hummel, G. von Landsberg, R. Weiss – betonen den Zusammenhang zwischen dem Unternehmenserfolg und der betrieblichen Weiterbildung.

Für **Heeg** und **Jäger** besteht das *Hauptziel eines Bildungscontrollings* darin,

> *„die für die Bildungsprozesse Verantwortlichen (Bildungsabteilung, betriebliche Vorgesetzte, Unternehmensleitung) in die Lage zu versetzen, eine geplante und als wünschenswert erachtete Wirkung einer Bildungsmaßnahme und ihres Erfolgnutzens für das Unternehmen mit hinreichen der Genauigkeit auf die Maßnahme beziehen zu können.“*[56]

Den Autoren zufolge werden alle Maßnahmen auf ihre *Effektivität und Effizienz* im Hinblick auf den Erfolg für das Unternehmen überprüft und bewertet.

Ähnlich äußert sich **Münch**:

> *„Eine angemessene, transparente und unternehmenserfolgsorientierte Erfassung und Bewertung betrieblicher Bildungsarbeit ist die schwierigste, aber auch wichtigste Aufgabe des Bildungscontrollings.“*[57]

Hummel behauptet sogar:

> *„Oberstes Ziel eines Bildungscontrollings ist es, durch eine adäquate Qualifikation der Human-Ressourcen strategische Wettbewerbsvorteile gegenüber Mitbewerbern zu erlangen.“*[58]

Noch dezidierter fordert **Becker** dazu auf, dass Bildungscontrolling die unternehmerischen Bedingungen einbeziehen und die Bildungsaktivitäten fördern bzw. hemmen muss.[59]

---

[55] Faulstich, P. (1998), S. 209.
[56] Heeg, F.-J./Jäger, C. (1992), S. 267.
[57] Münch, J. (1995), S. 135.
[58] Hummel, Th. R. (1999), S. 28.
[59] Vgl. Becker, M. (1999), S. 408.

Papmehl definiert folgende *Ziele des Bildungscontrollings:*

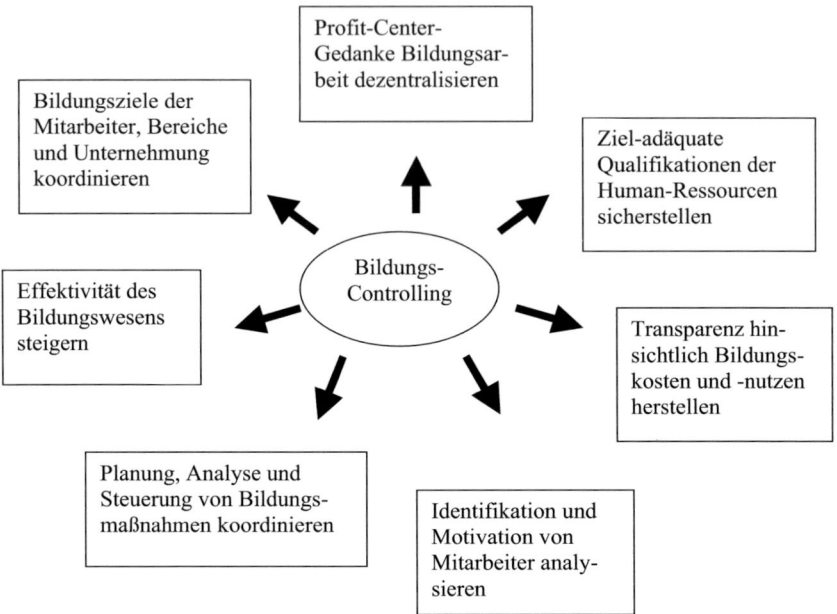

Abb. 8: Ziele eines Bildungs-Controlling: Strategische Wettbewerbsvorteile durch qualifizierte Human-Ressourcen verwirklichen
Quelle: Papmehl (1990, S. 49)

Es lassen sich verschiedene Zielrichtungen erkennen. So hebt zum Beispiel Becker *drei Zielrichtungen des Bildungscontrollings* hervor:

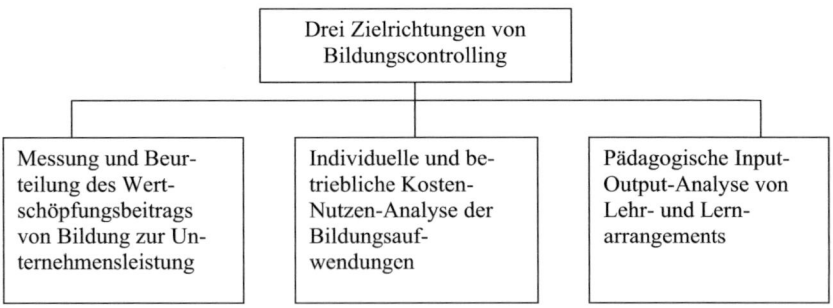

Abb. 9: Zielrichtungen des Bildungscontrollings
Quelle: Becker (1995, S. 63)

Da Bildungscontrolling per se bimental ist, lassen sich nach der *Ausrichtung quantitative und qualitative Ziele* definieren. Somit soll das Bildungscontrolling nach Hummel auf der quantitativen Seite eher zu einer verstärkten Kostentransparenz führen, auf der qualitativen Seite zur Sicherung des Lernerfolges beitragen.[60] Dabei handelt sich im weiteren Sinne um die Entwicklung der Belegschaft. Auf diesen Aspekt des Bildungscontrollings macht **Papmehl** aufmerksam:

> *„Innerhalb des Bildungs-Controlling werden sämtliche Aktivitäten definiert, gesteuert und gefördert, die der Entwicklung des geistigen Potenzials und der Persönlichkeit der Mitarbeiter dienen und gleichzeitig dem Ziel gerecht werden, den Mitarbeiter zum „Sub-Unternehmen" bzw. „Intrapreneure" zu entwickeln."*[61]

Gemäß der *Fristigkeit* lassen sich die *strategische und operative Ziele* des Bildungscontrollings unterscheiden. Hummel unterscheidet zwischen dem strategischen mit einem längerfristigen Planungshorizont (mindestens drei Jahre) und dem operativen Bildungscontrolling mit einem kurzfristigen Steuerungsprozess (bis zu einem Jahr).[62]

Controlling bedeutet: planen, informieren, kontrollieren und steuern. Daher sprechen **Seeber et al.** von *drei Hauptfunktionen des Bildungscontrollings:*

1. Informationsfunktion (systematischen Datenerfassung, -aufbereitung und -analyse);
2. Koordinationsfunktion (Koordination des Planungs- und Kontrollsystems mit dem Informationssystem);
3. Steuerungsfunktion (Soll-Ist-Vergleiche, Abweichungsanalyse, Informationsbeschaffung und -verdichtung zu relevanten Einflussgrößen und deren Effekte auf das Ergebnis von Bildungsprozessen).[63]

Becker verweist auf die *Funktionen des Bildungscontrollings* mit folgenden Thesen:

- „Bildungscontrolling ist ein einheitlich-integratives Instrument der Unternehmensführung zur Evaluierung des Bildungsnutzens in Relation zu den vorgegebenen Bildungszielen und den eingesetzten Ressourcen.
- Bildungscontrolling ist ein integratives, qualitatives Steuerungs- und Evaluierungsinstrument aller Bildungsfunktionen im Funktionszyklus betrieblicher Bildungsarbeit.

---

[60] Vgl. Hummel, Th. R. (1999), S. 18.
[61] Papmehl, A. (1990), S. 47.
[62] Hummel, Th. R. (1999), S. 26.
[63] Seeber, S. (2000), S. 28ff.

- Bildungscontrolling verbindet das Bildungsgeschehen mit den Unternehmens- und Mitarbeiterzielen.

- Bildungscontrolling führt zu dem Erkennen, dass nur die bedarfsgerechte betriebliche Weiterbildung Erfolgspotenziale sichert.

- Bildungscontrolling als strategisches Steuerungsinstrument führt zur Veränderung von Weiterbildung von einer ex-post-Orientierung zu einer ex-ante-Orientierung.

- Bildungscontrolling gibt den Verantwortlichen Informationen über den Bildungsstand (Qualifikationskataster der Belegschaft) und die Bildungspotenziale (Qualifikationsreserven) der Belegschaft.

- Bildungscontrolling führt weg vom Denken in Programmen hin zum Denken in Systemen, Zusammenhängen und Prozessen."[64]

Das Bildungscontrolling ist ein *unternehmerischer Prozess*, allerdings unterscheidet sich sein Konzept von den anderen Konzepten. Auf diesen Aspekt verweisen ausdrücklich **Gnahs** und **Krekel**. Den Autoren zufolge liegt der Unterschied darin, „dass es pädagogische Qualitätsziele mit betriebswirtschaftlichen Zielen verknüpft."[65] Es ist ebenso zu betonen, dass Bildungscontrolling *Entscheidungen über die Bildungsaktivitäten* im Unternehmen ermöglicht, die unter dem Aspekt *strategischer Relevanz* überprüft werden. Dadurch findet die Bildungsarbeit in einem Einklang mit dem Unternehmensgeschehen statt.

Die Güte eines Konzeptes entscheidet sich daran, inwieweit es die Voraussetzungen für eine erfolgreiche Umsetzung erfüllt. Deswegen wird im weiteren Kapitel auf die Voraussetzungen für ein Bildungscontrolling eingegangen.

2.5.   Voraussetzungen für das Bildungscontrolling

Das Bildungscontrolling ist im engeren Sinne ein *Instrument* im Rahmen des Personalcontrollings. Es ist *kein Mittel* zur Optimierung der betrieblichen Weiterbildung, sondern ein *komplexer Prozess* im Unternehmen, im weiteren Sinne ist es eine betriebliche Bildungsphilosophie. Das Bildungscontrolling verpflichtet sich unternehmerisch zu denken und zu handeln, was jedoch nur im Rahmen bestimmter Voraussetzungen möglich ist.

---

[64] Becker, M. (1999), S. 403.
[65] Gnahs, D./Krekel, E. M. (1999), S. 33.

Nach der Entwicklungs- bzw. Konzipierungsphase steht die Einführungsphase an. Dies gilt auch für einen Bildungscontrolling-Ansatz im Unternehmen. Bevor jedoch überhaupt entschieden wird, Bildungscontrolling einzuführen, empfiehlt **Becker** eine sorgfältige *Bestandanalyse* durchzuführen. Der Autor hebt insbesondere die Notwendigkeit der *Unternehmungsplanung* für das Bildungscontrolling hervor:

„Gibt es keine Unternehmungsplanung, kann es auch keine Bildungsplanung geben. "[66]

Die Schlussfolgerung daraus ist, dass Bildungscontrolling wie auch die anderen Bereiche des Unternehmens *klare Zielvorgaben* braucht. Becker weist darüber hinaus darauf hin, den *Reifegrad von Unternehmen, Management und Mitarbeitern* zu beachten. Für ihn ist dieser Reifegrad ein Tempomat für die Einführung eines Bildungscontrollings.

Papmehl fordert, dass Bildungscontrolling sich an den *Unternehmenszielen* orientiert und das Know-how bzw. die Motivation der Mitarbeiter adäquat steuert, damit die Unternehmensziele erreicht werden.[67] Unwidersprochen betont **Becker**, dass Bildungscontrolling als Teil des Personalcontrollings im Kontext strategischer Unternehmensführung geplant und realisiert werden muss.[68] Hierfür werden die strategischen und die operativen Handlungen des Bildungscontrollings in einem Konzept festgelegt.

Es erfordert ohne Zweifel einen *Dialog der Bildungsverantwortlichen mit der Unternehmensführung.* Darüber hinaus ist es ein *Austausch der Bildungsverantwortlichen mit den Fachbereichen und Mitarbeitern* notwendig. Dies führt zur Gewinnung der Informationen, die zur Begründung und Planung der Bildungsmaßnahmen beitragen. Becker weist hin, dass die Qualität des Bildungscontrollings von der Verfügbarkeit und der Qualität bildungsrelevanter Informationen abhängt.[69] Im Weiteren führt er aus:

„Ohne Planungssystem und ohne Planungsinstrumente ist Bildungscontrolling nicht möglich. "[70]

Allerdings ist der Austausch mit den Mitarbeitern nicht nur aufgrund der Gewinnung von Informationen notwendig. Das Bildungscontrolling wird oft mit Kontrolle assoziiert, was möglicherweise *Widerstände* von Führungskräften und/oder Mitarbeitern hervorrufen kann.

---

[66] Becker, M. (1999), S. 408.
[67] Vgl. Papmehl, A. (1990), S. 47.
[68] Vgl. Becker, M. (1999), S. 403.
[69] Vgl. Becker, M. (1995), S. 73.
[70] Becker, M. (1995), S. 73.

So empfiehlt Becker die *rechzeitige, umfassende Information über das Konzept und die Ziele des Bildungscontrollings* im Unternehmen und sieht darin eine wichtige Voraussetzung für den erfolgreichen Einsatz.[71]

Das Bildungscontrolling liegt der betrieblichen Weiterbildung zugrunde. So betont Becker, dass das Bildungscontrolling als ein ganzheitlicher Begleitprozess der Planung, Realisierung und Umsetzung der betrieblichen Weiterbildung angelegt sein muss.[72] Demzufolge bedarf es in der Durchführungsphase der Klärung der Fragestellung und des Erkenntnisinteresses.

Aus den oben erwähnten Darlegungen und ergänzend zu diesen lassen sich wichtige *Voraussetzungen* für ein erfolgreiches Bildungscontrolling postulieren. Hierbei werden auch unterschiedliche *Phasen* definiert:

1. Voreinführungsphase:

- Analyse des Reifegrades der Organisation;
- Bestandanalyse (Unternehmensplanung, Weiterbildungspolitik, Weiterbildungsstrategien, Weiterbildungsmaßnahmen);

2. Konzipierungsphase:

- Sicherung der Kooperation zwischen der Unternehmensleitung und den Bildungsverantwortlichen;
- Erstellung eines unternehmensentsprechenden Konzeptes für die Bildungsarbeit bzw. für das Bildungscontrolling (strategische Ebene);
- Einbeziehung der unterschiedlichen Akteure (Führungskräfte, Mitarbeiter, Betriebsrat) bei der Entwicklung des Konzeptes;

3. Einführungsphase:

- Informationen über das Konzept und seine Ziele;

4. Durchführungsphase:

- Ganzheitliche Bildungsarbeit (operative Ebene);
- Klärung der Fragestellung des Bildungscontrollings;

5. Evaluationsphase:

- Reflexion und Evaluation des Konzeptes;
- Kritische Betrachtung der Schwachstellen;
- Umsetzung von notwendigen Modifikationen.

---

[71] Vgl. Becker, M. (1995), S. 73.
[72] Vgl. Becker, M. (1999), S. 409.

> Die Erfüllung der Voraussetzungen erhöht die Wahrscheinlichkeit des Erfolges, führt aber nicht zwangsläufig zum Erfolg.

Auch wenn die Voraussetzungen für das Bildungscontrolling erfüllt sind, gibt es eine weitere zu klärende offene Frage: was sind die Möglichkeiten und Grenzen dieses Instrumentes. Im nächsten Kapitel soll dieser Frage nachgegangen werden.

2.6 Möglichkeiten und Grenzen des Bildungscontrollings

Das Bildungscontrolling ist ein komplexes Gebiet. Sein Aufgabengebiet überschneidet sich mit vielen Kernaufgaben des Personalmanagements – vom Recruiting über die Personalentwicklung bis hin zum Personalcontrolling. Das Bildungscontrolling stützt sich dabei auf Kenntnisse der Wirtschaftswissenschaften, auf Kenntnisse der Pädagogik und Psychologie sowie auf Kenntnisse der Sozialwissenschaften.

Inzwischen hat sich das Bildungscontrolling in der Wissenschaft und zum Teil auch in der Praxis etabliert. Es besteht noch ein *Spannungsverhältnis* zwischen seinen Möglichkeiten und Grenzen, die hier aus doppelter Perspektive (wissenschaftlich-theoretischer und praktischer) betrachtet werden sollen.

Das Bildungscontrolling unterliegt im Vergleich zu anderen Controllingbereichen einigen besonderen Herausforderungen, die aus dem Controllingobjekt Bildung resultieren. *Ein eindeutiger und monokausaler Zusammenhang zwischen Bildungsinvestition und Bildungserfolg ist schwer überprüfbar.*

So schreiben **Seusing** und **Bötel**:

> *„In den Gesprächen sowohl mit Bildungscontrollingexperten aus der Forschung als auch aus der betrieblichen Praxis stellte sich heraus, dass eine eindeutige Rückführung von betrieblichen Erfolg auf die Weiterbildungsaktivitäten nicht möglich sein."*[73]

Dieses ist jedoch nicht erstaunlich. Es besteht zwar ein positiver Zusammenhang zwischen der Bildung und dem wirtschaftlichen Nutzen, sowohl auf der mikroökonomischen Ebene (z. B.

---

[73] Seusing, B./Bötel, Ch. (1999), S. 58.

Zusammenhang zwischen dem Bildungsniveau und dem Einkommen) wie auch auf der makroökonomischen Ebene (Zusammenhang zwischen Bildungsinvestitionen und Wachstum), es ist jedoch schwierig, diesen Erfolg nur auf die Bildungsmaßnahmen zurückzuführen.

Mit den Bildungsinvestitionen hat sich bereits in den 60er Jahren die **mikroökonomische Theorie** befasst.[74] Die Bildungsinvestition wird modelltheoretisch unter der Annahme der Grenzproduktivität des Lohnes behandelt. Dem Modell zufolge führen Bildungsinvestitionen zu heutigen Ausgaben und zukünftigen Einnahmen, die zur Dynamisierung abgezinst werdenmüssen. Ein Gewinn der Weiterbildung entsteht dann, wenn die Differenz aus abgezinsten Grenzproduktivitäten und abgezinsten Entgeltzahlungen positiv ist. **Feige** verweist darauf, dass das jedoch nur dann eintreten kann, wenn die Erhöhung der Grenzproduktivität nicht oder nur teilweise in Entgeltsteigerungen weitergegeben wird. Dies kann laut der Annahme der vollständigen Konkurrenz und vollkommenen Rationalität jedoch nur im Bereich des Spezialwissens eintreten.

Ökonomisches Bildungscontrolling
$MP_t = W_t$

$$G = \sum \frac{MP_t - W_t}{(1+i)^t}$$

MP	=	Grenzproduktivität
W	=	Lohnsatz
T	=	Perioden
G	=	Gewinn der Bildung
i	=	Zinssatz

Abb. 10: Grenzproduktivität der Arbeit
Quelle: Feige (1994, S. 166)

Ergänzend hierzu führt Feige aus:

> *„Die Hauptschwierigkeit dieses Modells liegt in der Messung der Grenzproduktivitätssteigerung, welche lediglich in Ausnahmefällen genau erfassbar und der Weiterbildung als Einflussgröße zuzuordnen sein wird."*[75]

Es wird ersichtlich, dass eine klare Zuordnung der gemessenen Effekte als Ergebnis einer Bildungsmaßnahme meist nicht möglich ist. Vielmehr haben Bildungsmaßnahmen langfristige Auswirkungen und Folgen.

---

[74] Vgl. Hentze, J. (1977), S. 281.
[75] Vgl. Feige, W. (1994), S. 166.

Pächnatz rät von diesem Versuch vornehmlich ab:

> *„Der Versuch, mit so genannten Kennziffern den Nutzen der Bildungsarbeit für den Erfolg des Unternehmens messbar und damit sichtbar zu machen, führt gewöhnlich zu keinem Ergebnis. Denn das Festhalten an Kennziffernsystemen in der Bildungsarbeit ist nicht weiter als der Versuch, mit einem Hammer Suppe zu löffeln, einschließlich der Hoffnung, dass man nur den Hammer verbessern müsste, damit man die Suppe auslöffeln kann.*"[76]

Becker teilt diese Meinung und betont, dass es zu einer Bürokratisierung und einem übermäßigen Instrumenteinsatz der Bildungsarbeit kommen kann, wenn das sog. „weiche Controlling" (soziales Gewissen) vernachlässigt wird.[77] Noch dogmatischer sieht es **Feige:**

> *"Reine „Zahlenfriedhöfe" widersprechen der Effizienz des Weiterbildungscontrollings."*[78]

Weiß fragt, wie eine bessere Zusammenarbeit, ein besseres Betriebsklima oder eine verbesserte Kommunikation ökonomisch bewertet werden sollen. Und ergänzend zur seiner Frage warnt er:

> *„Werden derartige Faktoren außer Acht gelassen leistet Controlling einem Zahlenfetischismus Vorschub."*[79]

Wunderer und **Schlagenhaufer** verweisen auf die Notwendigkeit der *qualitativen Bewertung durch die Festlegung der Indikatoren.* Sie unterscheiden zwischen:

- Indikatoren der Leistungsfähigkeit;
- Indikatoren der Leistungsmotivation (Arbeitszufriedenheit, Leistungssteigerung von Mitarbeitern, Fluktuations-/Absenzraten sowie Fehlerquoten);
- Indikatoren für die Bewertung der Arbeitssituation (Beschwerden, Fehlerquoten, Bewertung einzelner Aspekte in Meinungsumfragen und Beteiligungen am betrieblichen Vorschlagswesen).[80]

Kailer plädiert ebenso für die qualitative Beurteilung und betont darüber hinaus, dass der Transfererfolg durch verschiedene Einflussfaktoren beeinflusst wird.[81] **Wunderer** und **Schlagenhaufer**[82] schlagen folgende *Methoden einer qualitativen Beurteilung* vor:

---

[76] Pächnatz, P. (1994), S. 43.
[77] Vgl. Becker, M. (1995), S. 73.
[78] Feige, W. (1994), S. 168.
[79] Weiß, R. (2007), S. 33.
[80] Vgl. Wunderer, R./Schlagenhaufer, P. (1994), S. 52.
[81] Vgl. Kailer, N. (1996), S. 234.
[82] Vgl. Wunderer, R./Schlagenhaufer, P. (1994), S. 52.

- Schriftliche/mündliche Befragung Vorgesetzten/Mitarbeiter;
- Vorgesetztenbeurteilung;
- Kundenbefragung;
- Feedback-Gespräche zwischen Vorgesetzten und Mitarbeitern;
- Stille/teilnehmende Beobachtung;
- Betriebsbefragungen.

Pächnatz fordert zu einer bestimmten *Haltung und Denken im Bildungscontrolling* auf:

> *„Richtig und wichtig ist nämlich der Gedanke, dass innerbetriebliche Bildungsarbeit kein Selbstzweck sein kann, sondern dazu dienen muss, die Mitarbeiter beim erreichen der Unternehmensziele zu unterstützen und damit indirekt am Erfolg des Unternehmens mitzuwirken.* "[83]

Die Praxis scheint jedoch optimistisch zu sein. Die Zahl der Unternehmen, die Bildungscontrolling betreiben, *steigt kontinuierlich.* Dies betrifft Unternehmen aller Größen. Die nachstehende Grafik zeigt die Prozentzahl der Unternehmen, die im Jahr 1997 bereits einen Einsatz vom Bildungscontrolling hatten oder noch nicht.

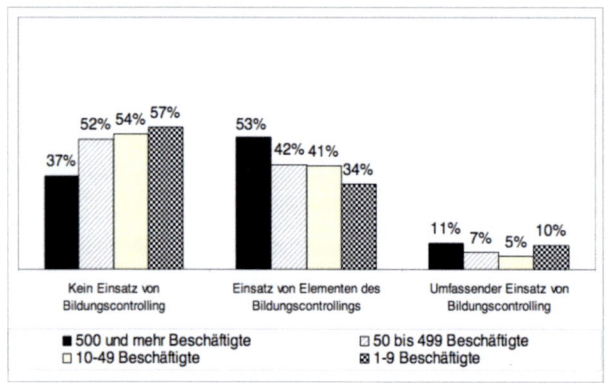

Abb. 11: Einsatz vom Bildungscontrolling I
Quelle: RBS-Befragung des BIBB im Jahr 1997

Die gleiche Umfrage im Jahr 2007 belegt, dass die Zahl der Unternehmen, die keinen Einsatz vom Bildungscontrolling haben, gesunken ist. Es ist auffällig, dass insbesondere große und mittlere Unternehmen jetzt zum umfassenden oder zumindestens teilweisen Einsatz von Elementen des Bildungscontrollings greifen.

---

[83] Pächnatz, P. (1994), S. 43.

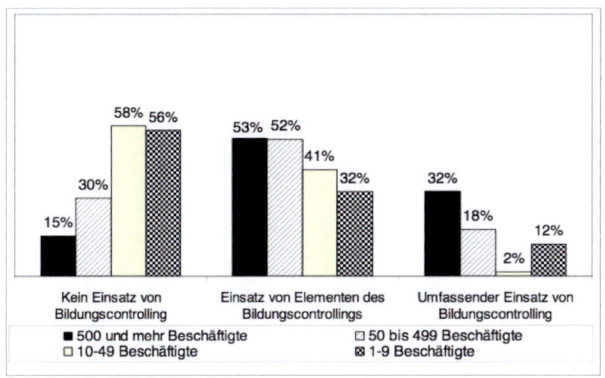

Abb. 12: Einsatz vom Bildungscontrolling II
Quelle: RBS-Befragung des BIBB im Jahr 2007

Es ist anzunehmen, dass den Unternehmen die Komplexität und das hohe Anspruchsniveau des Bildungscontrollings bewusst sind, aber sie sind trotzdem zuversichtlich hinsichtlich der Entwicklung besserer Konzepte in der Zukunft. Aus der Sicht 34,9 % der befragten Personaler im Jahre 2007 wird das Bildungscontrolling in ihren Unternehmen sogar bedeutsamer. 56 % der befragten Unternehmen geht davon aus, dass alles wie bisher bleiben wird und lediglich 8,9 % sieht, dass die Bedeutung vom Bildungscontrolling sinken wird.

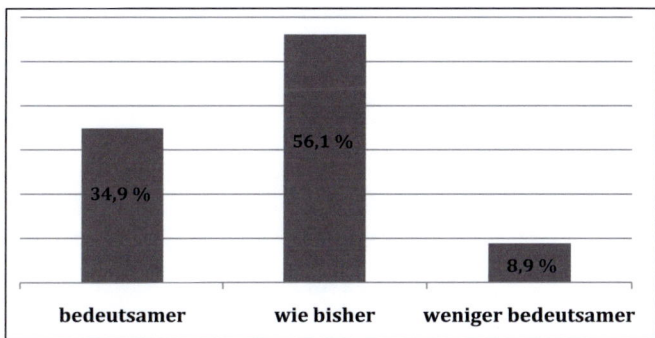

Abb. 13: Bildungscontrolling in Zukunft
Quelle: RBS-Befragung des BIBB im Jahr 2007

Zusammenfassen lässt sich, dass das Thema, das Fachgebiet sicherlich komplex und relativ neu ist. Daher sind noch nicht alle Möglichkeiten des Bildungscontrollings ausgeschöpft. *Bildungscontrolling nur mit Zahlen ist denkbar, aber nicht realisierbar.*

Becker verweist auf die Defizite der begrifflichen Bestimmung, der funktionalen Gestaltungs- und Wirkungserklärung von Bildungscontrolling als unternehmerisches Managementinstrument, die es aufzuarbeiten gilt.[84] Ebenso ist zu klären, wohin das Bildungscontrolling gehört und ob dazu ein dezidiertes Berufsbild notwendig ist. Im nächsten Kapitel wird dieser Frage versuchsweise nachgegangen.

2.7 Einordnung des Bildungscontrollings und die Frage: braucht die Gesellschaft das Berufsbild?

Das Bildungscontrolling lässt sich operativ, strategisch, ökonomisch, pädagogisch, bimental beschreiben. Damit stellt sich die Frage nach der Einordnung des Bildungscontrollings.

In der Literatur wird Bildungscontrolling als *Teilbereich des Personalcontrollings* verstanden.[85] Für **Hummel** steht fest, dass Bildungscontrolling ein Teilbereich des Personalcontrollings und somit in dieses eingebettet ist. Nach seiner Auffassung kann sogar die Definition des Personalcontrollings auf das Bildungscontrolling übertragen werden.[86]

Laut **Wunderer** und **Schlagenhaufer** geht es im Rahmen des Personalcontrollings neben einer *Analyse der quantitativen Dimension* (Personalkosten, -aufwendungen, -ausgaben sowie Leistungsgrößen) auch um eine intensive *Analyse der qualitativen Aspekte* (z. B. Motivation, Identifikation, Führungsstil, Unternehmens- und Kooperationskultur, Personalimage, Arbeitszufriedenheit und Betriebsklima).[87]

Das Personalcontrolling hat sich im deutschsprachigen Raum in den 80er Jahren entwickelt und scheint sich sowohl als wissenschaftliche Disziplin als auch in der Praxis etabliert zu haben. Dies belegen zahlreiche Bücher zu dieser Thematik wie auch die Nachfrage in der Wirtschaft nach Personalcontrollern.

Die Gründe für die Übertragung des Controllinggedankens auf den Personalbereich liegen in der zunehmenden strategischen Weiterentwicklung des Unternehmens-Controllings und der

---

[84] Vgl. Becker, M. (1995), S. 63.
[85] Vgl. Becker, M. (1995) und Gerlich, P. (1999) sowie Hummel, Th. R. (1999).
[86] Vgl. Hummel Th. R. (1999), S. 24.
[87] Vgl. Wunderer, R./Schlagenhaufer, P. (1994), S. 16.

damit ebenfalls strategischen Lösung von Personalfragen sowie der zunehmenden Forderung an das Personalwesen, in ökonomischen Begriffen zu denken und zu handeln.[88]

Das Bildungscontrolling ist im Gegensatz sowohl als wissenschaftliche Disziplin wie auch in der Praxis relatives Neuland. Die empirischen Studien zeigen, dass in deutschen Unternehmen nur selten ein systematisches Bildungscontrolling vorhanden ist.[89] Da die Personalentwicklung als Bildung im engeren Sinne zu verstehen ist, kann Bildungscontrolling am besten in der Personalentwicklung angesiedelt werden, wobei die Personalentwicklung als Teil des Personalcontrollings gilt. Die nachfolgende Visualisierung stellt das Gesagte noch mal zusammen dar:

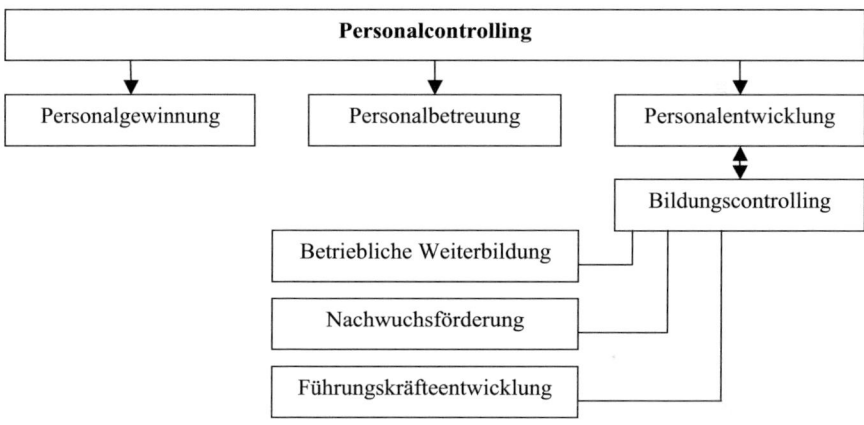

Abb. 14: Einordnung des Bildungscontrollings
Quelle: Eigene Darstellung

Becker macht auf den *Zusammenhang von Bildungscontrolling und Personalentwicklung* aufmerksam. Durch Bildungscontrolling wird die Personalentwicklung zu einem integralen Bestandteil der Unternehmenssteuerung im Sinne einer proaktiven Qualifizierungsstrategie.[90]

Diese Diskussion mündet in eine neue Problematik ein. Neben der Einordnung des Bildungscontrollings stellt sich die Frage nach dem *Berufsbild des Bildungscontrollers*. Es gibt noch keine Veröffentlichungen zur dieser Frage. Die Nachfrage nach diesem Berufsbild scheint in

---

[88] Gerlich, P. (1999), S. 16.
[89] Vgl. RBS-Befragungen des BIBB 1997, 2007.
[90] Becker, M. (1995), S. 77.

der Gesellschaft auch noch nicht vorhanden zu sein. Auf der anderen Seite gibt es ausgebildete *Bildungscontroller* heute noch nicht.

Die Diskussion über das Berufsbild fängt gerade erst an. Der Frage, ob die Wirtschaft professionelle Bildungscontroller braucht, wurde zum ersten Mal in Deutschland am 9. und 10. September 2008 auf dem Kongress für Bildungscontrolling in Köln nachgegangen. Im Vorfeld griff die Zeitschrift „managerSeminare" diese Frage auf und stellte *zwei Meinungen gegenüber*. Zunächst wird die Meinung von dem Partner des Beratungsunternehmens USP International, **Uwe Seebacher** dargestellt. Er plädiert für die *Profession des Bildungscontrollers:*

> *„Während Personalentwickler häufig der Meinung sind, Bildungscontrolling sei Aufgabe der Controller, schieben die Controller die Verantwortung für die Evaluation von Bildungsmaßnahmen den Personalentwicklern zu. Das Thema Bildungscontrolling ist aber interdisziplinär und liegt zwischen den beiden Bereichen. Das Problem ist zurzeit noch, dass Betriebswirte zwar die kennzahlenbasierten und betriebswirtschaftlichen Aspekte des Themas abdecken, aber nur wenig Einblick in die sozialwissenschaftlichen oder psychologischen Evaluierungs-Methoden haben. Diese sind jedoch entscheidend, um ein effektives Controlling der Bildungsmaßnahmen und deren ökonomischen Mehrwert für den Unternehmenserfolg darstellen zu können. Die Psychologen, Pädagogen und Personalmanager sind wiederum nur unzureichend in das Controlling eingebunden, um hier synergetisch zum Beispiel eine vertikal-konsistente HR- bzw. Bildungscontrolling-Scorecard konzipieren zu können. Aus diesen Gründen liegt es nahe, Bildungscontroller auszubilden. "*[91]

Demgegenüber steht die Meinung des Direktors des Beyond Budgeting transformation Network, auch des Beraters, **Niels Pfläging**:

> *„Die Idee, ein Berufsbild Bildungscontroller zu entwickeln, ist ein weiterer Ausdruck der Misstrauenskulturen in den Unternehmen. "*[92]

Der Begriff des Bildungscontrollings und des Bildungscontrollers wird hier absolut mit der Kontrolle verknüpft.

Es wird sich in der Zukunft herausstellen, ob die Wirtschaft die Bildungscontroller brauchtoder nicht. Zum heutigen Zeitpunkt steht fest, dass Bildungscontrolling in vielen Unternehmen

---

[91] Seebacher, U. (2008), S. 14. In: managerSeminare, Heft 125.
[92] Pfläging, N. (2008), S. 14. In: managerSeminare, Heft 125.

in Bewegung ist. Das Thema wird seit 2003 jährlich auf dem Fachkongress diskutiert, der neue Entwicklungen an Fachexperten der Personalentwicklung vermittelt. Es ist ebenso offensichtlich, dass dieses Gebiet sowohl wissenschaftlich wie auch empirisch noch zu untersuchen ist.

Nach der Untersuchung der Grundlagen des Bildungscontrollings sowie der Darstellung der Abgrenzung zur Evaluation und zum Qualitätsmanagement verlangt es nach einer prägnanten und kurzen Zusammenfassung der Merkmale der dargestellten Fachgebiete.

2.8   Evaluation, Qualitätsmanagement und Bildungscontrolling im Vergleich

Im folgenden Kapitel werden Evaluation, Qualitätsmanagement und Bildungscontrolling vergleichend gegenübergestellt. Zunächst sollen Merkmale für den Vergleich identifizieren, danach soll er durchgeführt werden. Gemeinsamkeiten und Unterschiede sollen zusammenhängend dargestellt werden.

Die Basis für die die Ausarbeitung der Merkmale sind die Diskussionen in Kapitel 2.1, 2.2, 2.3, 2.4, 2.5, 2.6, 2.8 dieses Buches. Ergänzend hierzu werden besonders *charakteristische Unterschiede* an dieser Stelle hervorgehoben.

Krekel und **Seusing** betonen:

> *„Im Mittelpunkt des Controllings steht vielmehr ein zukunftsorientiertes Handeln, ein in die Zukunft gerichtetes Steuern von Abläufen und Prozessen.* "[93]

Somit wird ein Unterschied zur Evaluation, die eher vergangenheitsorientiert ist, hervorgehoben. **Hummel** stellt einen anderen *Unterschied zur Evaluation* fest:

> "*Controller und Controlling bemühen sich um eine Einpassung von Teilfunktionen und Teilbereichen in den Gesamtprozess des unternehmerischen Geschehens, um Koordination. Das ist der Unterschied zur Evaluation. Evaluation ist meist eindimensional, nur pädagogisch oder nur psychologisch.* "[94]

---

[93] Bötel, Ch./Krekel, E. M. (1999), S. 5.
[94] Hummel, Th. R. (1999), S. 15f.

Für ihn ist die Evaluation Bestandteil des Bildungscontrollings. **Becker** betont ebenso die *Steuerungsfunktion des Controllings:*

> *„Im Unterschied zur ergebnisorientierten Kontrolle wird Bildungscontrolling zur kontinuierlichen Überprüfung, ob die richtigen Entscheidungen getroffen werden, die eingeleiteten Maßnahmen wirksam sind und die Instrumente der Bildungsarbeit hilfreich sind im Sinne des „Mach's gleich richtig."*[95]

In nachfolgender Tabelle 1 sollen die *Merkmale für die Unterscheidung* der drei Gebiete genannt und Unterschiede der Evaluation, des Qualitätsmanagements zum Bildungscontrolling angegeben werden. Darüber hinaus werden durch diese Merkmale auch *Gemeinsamkeiten und Schnittstellen* von *Evaluation, Controlling und Qualitätsmanagement* ersichtlich.

Merkmale	Evaluation	Bildungscontrolling	Qualitätsmanagement
Funktion	Bewertung (Messung) Optimierung Entscheidungshilfe	Steuerung, Analyse Planung Optimierung	Klärung Optimierung Überprüfung Gestaltung Beschreibung Dokumentation
Orientierung	vergangenheitsorientiert	zukunftsorientiert	prozessorientiert
Zielsetzung	Darstellung der Ergebnisse	Ausarbeitung der Prognosen	Hilfe zur Gestaltung
Art/Typus	Methode	Verfaren/Instrument	Philosophie
Bewegungs-grad	statisch/dynamisch	dynamisch	dynamisch
Dimension	eindimensional (pädagogisch **oder** psychologisch)	zweidimensional (pädagogisch **und** ökonomisch)	mehrdimensional
Gegenstand	Bildungsmaßnahmen	Bildungsmaßnahmen	alle Tätigkeiten im Unternehmen

---

[95] Becker, M. (1995), S. 74.

Fokus	Lehr-Lern-Prozesse Effektivität der Bildungsmaßnahmen	Effektivität + Effzienz der Bildungsmaßnahmen (Kosten-Nutzen-Analyse)	Ablauf der Prozesse Zufriedenheit Kundenorientierung bzw. Teilnehmerorientierung
Bestandteil	Seminar, Kurs, Unterricht	Personalcontrolling Personalentwicklung	Unternehmensentwicklung
Beitrag (zur)	Entwicklung und Planung der Bildungsmaßnahmen	Personalentwicklung Erreichung der Unternehmensziele	Organisationsentwicklung
Verbindung (mit)	Unterrichtsziele	Unternehmensziele	Organisationsziele Unternehmensziele
Schlüsselrolle (bei)	Seminar/Kursleitung	Bildungsmanager	Unternehmensleitung
Beteiligte, Grad der Beteiligung	Seminarteilnehmer	Mitarbeiter Führungskräfte Unternehmensleitung Betriebsrat	Alle Beschäftigten in der Organisation
Art der Überprüfung	interne Überprüfung und/oder externe Überprüfung	interne Überprüfung	interne Überprüfung und/oder externe Überprüfung (Zertifizierung)
Berufsbezeichnung	Evaluator	Controller	Qualitätsmanagement-Beauftragter
Metapher	„Kontroller"	„Steuermann"	„Überwacher"
Ablauf	Anfang-Ende	Zyklus	Zyklus
Handeln	operativ	strategisch und operativ	strategisch und operativ

Instrumente	Interview Fragebogen Beobachtungen Tests Gruppendiskussion	Traditionelle be-triebs-wirtschaftliche und sozial-wissenschaftliche Instrumente	Es hängt vom Grad der Einbeziehung der Ak-teure der Organisation (z.B. Mitarbeiterebene-Qualitätszirkel)
Fazit	Evaluation ist Teil des Bildungscontrollings	Bildungscontrolling ist Teil des Qualtäts-managemenss	Qualitätsmanagement ist Teil der Organisati-onsentwicklung

Tab. 1: Evaluation, Bildungscontrolling, Qualitätsmanagement im Vergleich
Quelle: Eigene Darstellung

> Es lässt sich festhalten: Bildungscontrolling ist mehr als Evaluation, Qualitätsmanagement ist mehr als Bildungscontrolling.

Brückner und **Girke** sehen sogar an einem zukunftsorientierten und effektiven Bildungscon-trolling einen Wegbereiter eines umfassenden Qualitätsmanagements.[96] Was Evaluation anbe-langt, so kann sie sowohl ein Teil des Bildungscontrollings wie auch ein Teil des Qualitäts-managements sein.

Im Hinblick auf die Bildungsarbeit scheint Bildungscontrolling ein *Konzept zur Optimierung der Bildungsprozesse*, die wiederum der *Organisationsentwicklung* Rechnung tragen. So be-tonen **Bötel** und **Krekel**, dass sich mit der Einführung eines Bildungscontrollings der Blick-winkel der Bildungsarbeit von der *ex-post-Orientierung zur ex-ante-Orientierung* ändert.[97] Die ex-ante-Orientierung ist das Prinzip des strategischen Denkens und Handelns. Aufgebaut auf diesem Prinzip bekommt die betriebliche Weiterbildung eine neue Verfassung: weg vom Reparatur-Dienstleister zum strategischen Business Partner im Unternehmen.

Im Weiteren wird die Bildungsarbeit als Sicherungsmaßnahme vom Humankapital behandelt. Zweifellos hat die betriebliche Weiterbildung mehrere Funktionen und kann aus unterschied-lichen Blickwinkeln betrachtet werden. Im Rahmen dieser Arbeit scheint jedoch dieser Schwerpunkt besonders reizvoll. Dies dient wiederum der Einleitung zur Untersuchung der Bedarfsanalyse im Rahmen der Bildungsarbeit bzw. des Bildungscontrollings. Die Inhalte, die Möglichkeiten, die Verfahren und Instrumente der Bedarfsanalyse ist das Kernthema dieses Buches.

---

[96] Brückner, W./Girke, G. (2007), S. 193.
[97] Vgl. Bötel, Ch./Krekel, E. M. (1999), S. 5f.

3. Bedarfsanalyse im Rahmen der betrieblichen Weiterbildung

3.1 Betriebliche Weiterbildung als Sicherungsmaßnahme vom Humankapital

Können, Wissen und Erfahrung der Mitarbeiter und die Anforderungen der Arbeitsplätze sind veränderbare Größen und so ist die Aussage, dass Mitarbeiter ihrem Leistungsvermögen und ihren Fähigkeiten entsprechend eingesetzt sind, nur eine zeitpunktbezogene Betrachtung.[98] Daher ist die betriebliche *Weiterbildung ein Bestandteil jedes Unternehmens*, von kleinen oder großen. **Becker** stellt fest:

> *„Betriebliche Weiterbildung befähigt die Mitarbeiter zu erwünschten Leistungen, sichert deren berufliche Existenz und stellt dem Unternehmen die qualitativ und quantitativ benötigten Fachkräfte zur Erstellung der Unternehmensleistung bereit.“[99]*

Die betriebliche Weiterbildung dient somit den einzelnen Mitarbeitern im Sinne der Weiterentwicklung und dem Unternehmen im Sinne der Erreichung seiner Ziele. Becker macht auf den dritten Bereich, den der Auftrag der betrieblichen Weiterbildung einschließt, aufmerksam: Weiterbildung als Beitrag zum gesellschaftlichen Fortschritt.[100]

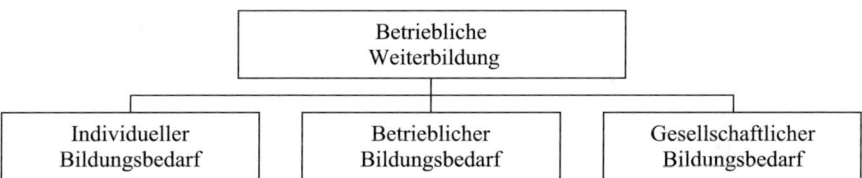

Abb. 15: Anspruchs- und Erwartungsebenen betrieblicher Weiterbildung
Quelle: Becker (1999, S. 5)

Schaper und **Sonntag** betonen, dass durch die Automatisierung von Produktionsprozessen, die Vernetzung von modernen Informations- und Kommunikationstechniken, die Einführung gruppenorientierter Arbeits- und Organisationsformen, die Verkürzung von Innovationszyklen, die Diversifizierung von Produkten und Dienstleistungen, neuartige Anforderungen an den Arbeitsplätze entstehen, die ein kontinuierliches berufliches Lernen und Umlernen erfordern.[101]

---

[98] Turbanisch, I. (1994), S. 75. Hervorhebung vom Verfasser der Arbeit.
[99] Becker, M. (1999), S. 7.
[100] Vgl. Becker, M. (1999), S. 5.
[101] Vgl. Schaper, N./Sonntag, K. (1999), S. 47.

Die Notwendigkeit des *lebenslangen Lernens* sowohl für die Einzelne wie auch für die gesamten Organisationen ist unbestritten. Daher ist die die Bedeutung der betrieblichen Weiterbildung erheblich gewachsen.

Nach **Becker** wird die ***Weiterbildung*** wie folgt definiert:

> *„Als Weiterbildung sind alle Maßnahmen zu verstehen, die in organisierter Form eine Förderung der horizontalen und/oder vertikalen Mobilität sowie eine Korrektur der Berufstätigkeit ermöglichen, indem den Mitarbeitern entsprechende Kenntnisse, Fertigkeiten und Verhaltensweisen vermittelt werden.“*[102]

In dieser Definition werden insbesondere *zwei Aspekte* angedeutet: *die Erhaltung und Verbesserung der Beschäftigungsfähigkeit und die Erhaltung der Wettbewerbsfähigkeit der Unternehmen.* Dadurch gewinnt die betriebliche Weiterbildung an *strategischer Bedeutung* und erhält zunehmend einen *unternehmerischen Charakter.*

Die fünfte Weiterbildungserhebung des Instituts der deutschen Wirtschaft Köln zeigt, dass gut 84 % aller Unternehmen in Deutschland Weiterbildung betreiben. Dabei steigt die Weiterbildungsbeteiligung mit zunehmender Betriebsgröße an. So liegt der Anteil weiterbildungsaktiver Unternehmen mit bis zu 249 Mitarbeitern bei 84,4 %, bei größeren Unternehmen bei 91,8 % und bei Unternehmen mit 500 und mehr Mitarbeitern bei 93,2 %.[103] Im Jahr 2004 lagen die Aufwendungen der Unternehmen je Mitarbeiter bei durchschnittlich 1.072 Euro, wovon ein Drittel auf direkte und zwei Drittel auf indirekte Kosten entfielen.[104]

Münch konstatiert:

> *„Die Betriebe sehen in der Weiterbildung ihrer Mitarbeiter ein besonders wichtiges Mittel, den Betriebszweck und die Konkurrenzfähigkeit durch eine arbeitsmarktergänzende und bildungssystemergänzende Deckung des jeweils gegenwärtigen und künftigen Qualifikationsbedarfs sicherzustellen.“*[105]

Zusammen mit **Kessler** ist darauf hinzuweisen, dass es sich bei ***Bildung im Kontext eines Unternehmens*** in der Regel handelt um:

- Vorqualifizierung für neue Aufgaben, Funktionen oder um

---

[102] Becker, M. (2002), S. 155.
[103] Vgl. Werner, D. (2006).
[104] Vgl. Werner, D. (2006).
[105] Münch, J. (1995), S. 68.

- Nachqualifizierung von fehlenden Kenntnissen, Fertigkeiten, Fähigkeiten oder um
- Sicherung von erreichten Qualifizierungsstandards, um Erhalt und Ausbau von Potenzialen.[106]

Denn es wird zunehmend erkannt, dass sich jede Konkurrenzunternehmung auf dem Markt die gleichen Anlagen und Maschinen beschaffen kann und dass sich der Produktwert heute zu einem Großteil nicht mehr aus dem rein mechanistischen Aufwand bei der Produktentstehung ableitet, sondern dass er vor allem durch das hinter dem Produkt verborgenem Wissen bestimmt wird.[107] **Severing** betont ähnlich wie **Feige**, dass in wissensbasierten Gesellschaften die Wertschöpfung nicht mehr vorrangig auf materieller Produktion beruht.[108] Die Folge daraus ist, dass die Unternehmen in hohem Maße auf ihre Human Ressourcen angewiesen sind.

Unter dem Begriff *Human Ressourcen* wird „(…) das gesamte geistige und körperliche Potenzial der Mitarbeiter eines Unternehmens verstanden (...), und zwar sowohl das latent vorhandene als auch das bereits genutzte Potenzial."[109] Das Potenzial und die vorhandene Qualifikation der Mitarbeiter stellen einen wichtigen Faktor für den Unternehmenserfolg dar. Und dies ist nicht erstaunlich, denn die qualifizierten Mitarbeiter stellen das Problemlösungspotenzial, das die Kommunikations- und Innovationsfähigkeit des Unternehmens erhöhen. Weiterbildung ist damit sowohl Voraussetzung als auch Garant der unternehmerischen Wertschöpfung.[110]

Die Ausgaben, die im Rahmen der betrieblichen Bildungsarbeit entstehen, werden von Unternehmen als *Investitionen* betrachtet. Auch eine Reihe von Wissenschaftlern unterstützt diese Sichtweise. So weist **Wößmann** darauf hin:

> „*Bildung aus ökonomischer Sicht eine Investitionsentscheidung, eine Abwägung heutiger Kosten gegen zukünftiger Nutzen.*"[111]

Mentzel betont, dass diese Investitionen zwar *nicht bilanzierungsfähig* sind, die jedoch ihrem Charakter nach mit den Sachinvestitionen in das Anlage- oder Umlaufvermögen verglichen werden können.[112]

---

[106] Vgl. Kessler, H. (1991), S. 144.
[107] Feige, W. (1994), S. 159.
[108] Severing, E. (1999), S. 65.
[109] Laukamm, T. (1998), S. 40.
[110] Becker, M. (1999), S. 11.
[111] Wößmann, L. (2004), S. 7.

Ergänzend hierzu führt der Autor aus:

"Diese Investitionen in das Humanvermögen sind für die Produktivität und das Wachstum der Unternehmung ebenso bestimmend wie deren Ausstattung mit Maschinen oder Vorräten."[113]

Aus diesen Überlegungen lässt sich schließen, dass die systematische Weiterbildung das Humankapital im Unternehmen sichert. **Buttler** und **Tessaring** äußern sich dazu wie folgt:

„Für das Humankapital ist Weiterbildung das, was für das Sachkapital die Pflege, Erneuerung, Instandhaltung etc. ist; unterbleibt sie, verliert das Kapital an Wert."[114]

Die Sicherung und Ausbau der Human Ressourcen ist offenkundig die primäre Aufgabe der betrieblichen Weiterbildung. Darüber hinaus können mit Hilfe der betrieblichen Weiterbildung die Human Ressourcen gewonnen werden. Auf diesen Aspekt macht **Becker** aufmerksam:

„Weiterbildung ist ein wesentliches Marketinginstrument zur Anwerbung der besten Kandidaten. Ohne Weiterbildung wird ein Unternehmen keine attraktiven und bestqualifizierten Bewerber für Tätigkeiten interessieren können."[115]

Die Top-10-Treiber der Mitarbeitermotivation*	
Interesse der Unternehmensleitung an den Mitarbeitern	1
Ausreichende Entscheidungsfreiheit	2
Ruf des Unternehmens, soziale Verantwortung zu übernehmen	3
Lern- und Entwicklungsmöglichkeiten	**4**
Vorgesetzter weckt Begeisterung für die Arbeit	5
Investitionen in innovative Produkte und Services	6
Aufstiegs- und Karrieremöglichkeiten	**7**
Einfluss auf Produkt-/Servicequalität	8
Unternehmensleitung als Vorbild im Sinne der Unternehmenswerte	9
Hohe persönliche Standards	10
von 75 Treibern	

Abb. 16: Top 10-Treiber der Mitarbeitermotivation
Quelle: Towers Perrin Global Workforce Study 2007-2008 (Deutschland-Report, S. 11)

[112] Vgl. Mentzel, W. (1980), S. 22.
[113] Mentzel, W. (1980), S. 22.
[114] Buttler, F./Tessaring, M. (1993), S. 471.
[115] Becker, B. (2002), S. 435.

Mit seiner These steht er nicht alleine. Aus einer Studie von Towers Perrin geht hervor, dass das Engagement deutscher Mitarbeiter in erster Linie von nicht-monetären Faktoren bestimmt wird.[116] Sie kommen zum Ergebnis, dass die *Lern- und Entwicklungsmöglichkeiten im Unternehmen* eine besondere Rolle für die Mitarbeitermotivation und Gewinnung neuer Mitarbeiter spielt.

Die betriebliche Weiterbildung hat somit eine wichtige Funktion im Unternehmen. Sie zeichnet sich durch das unternehmerisches Denken und Handeln aus. Und sie leistet einen Beitrag zur Erreichung der Unternehmensziele als Teil der Personalentwicklung, wenn die Weiterbildungsarbeit bedarfs- und zielorientiert erfolgt. Dies ist nur dann möglich, wenn der betriebliche Bildungsbedarf ermittelt wird. Folglich ist eine Bedarfsanalyse notwendig. Daher wird in dem nächsten Kapitel der Begriff „betriebliche Bildungsbedarf" definiert. Im Weiteren wird auf die Bedarfsanalyse detailliert eingegangen.

3.2   Zum Begriff Bildungsbedarf

Der Bedarfsbegriff kommt aus der Ökonomie und hat in der Weiterbildung durchaus unterschiedliche Ausprägungen und Interpretationen erfahren.[117] Im Hinblick auf Weiterbildung wird nach **Bedarf, Bedürfnis, Erfordernis, Nachfrage** etc. differenziert. **Ortner** geht der Empfehlung **Sieberts** nach und unterscheidet zwischen Bedarf und Bedürfnis; er sieht jedoch im Bedarf eine „nicht ausschließlich ökonomische Kategorie."[118] Hierzu ergänzt er: „Bedarf steht zum Bedürfnis in einem Ziel-Mittel-Verhältnis."[119]

Ortner differenziert **Bildungsbedarf** nach *drei Ebenen:* dem individuellem, dem institutionellem und dem politischem Bedarf.

> *„Formal definiert ist [für ihn] in Bezug zur Weiterbildung*
>
> *- **individueller Bedarf:** diejenige Menge und Qualität an Bildung, die ein Individuum oder eine Gruppe für sich beansprucht (notwendig und/oder wünschbar hält);*
>
> *- **institutioneller Bedarf:** diejenige Menge und Qualität an Bildung (bzw. Qualifikation), die für die Aufrechterhaltung des Betriebs einer bestimmten Institution z. B. in Verwaltung, Wirtschaft, im Bildungswesen etc. erforderlich ist;*

---

[116] Vgl. Towers Perrin Global Workforce Study 2007-2008. Deutschland-Report, S. 11.
[117] Münch, J. (1995), S. 70.
[118] Vgl. Ortner, G. E. (1981), S. 26.
[119] Vgl. Ortner, G. E. (1981), S. 26.

- *politischer (bzw. sozialer) Bedarf:* *diejenige Menge und Qualität an Bildung, die aufgrund politischer Zielvorstellungen einer Gesellschaft für notwendig und/oder wünschbar gehalten werden.* "[120]

Becker geht der Empfehlung Ortners nach und plädiert für die *drei Bereiche,* die den betrieblichen Bildungsbedarf zusammen bestimmen.

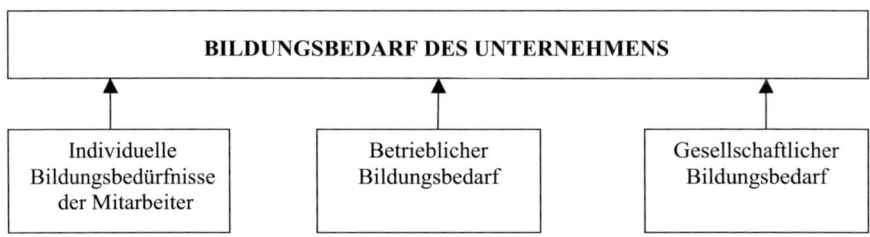

Abb. 17: Faktoren des Bildungsbedarfs
Quelle: Becker (1999, S. 114)

An anderer Stelle definiert **Becker** knapp den *Bildungsbedarf:*

„Bildungsbedarf. Abweichung zwischen IST-Verhalten (IST-Leistung) und SOLL-Verhalten (SOLL-Leistung), die durch eine geeignete Bildungsmaßnahme behoben werden kann. "[121]

Ergänzend hierzu führt er aus:

„Der betriebliche Bildungsbedarf ist Teil des Lernbedarfs. Der Lernbedarf ist größer als die betrieblich notwendige Befähigung und die dazu erforderliche organisierte Bildungsarbeit. "[122]

In dieser Definition resultiert der Bildungsbedarf aus sich *verändernden Zielsetzungen des Unternehmens und/oder neuen Anforderungen des Arbeitsplatzes.* Die neuen Anforderungen ergeben sich zum Beispiel aus neuen Formen der Arbeitsgestaltung, der Zusammenarbeit und der Führung. Die Arbeitsabläufe und Arbeitsaufgaben ändern sich, je nach Bereich und Position, in der Regel andauernd in einem Unternehmen. Der betriebliche Bildungsbedarf ist offensichtlich ein Bedarf des Unternehmens, das bei der Erreichung der Unternehmensziele eine Rolle spielt.

Diesen Bedarf tragen die Individuen des Unternehmens in sich und nur sie können ihn artikulieren oder gegenseitig bei seinen Handlungen wahrnehmen.

---

[120] Ortner, G. E. (1981), S. 30. Hervorhebung vom Verfasser der Arbeit.
[121] Becker, M. (1999), S. 117.
[122] Becker, M. (1999), S. 118.

Münch hebt hervor, dass die *Nachfrage* bzw. der von den Individuen artikulierte Wunsch nach Weiterbildung nicht identisch ist mit dem individuellen Weiterbildungsbedarf, aber auch nicht mit dem Bedarf des Unternehmens.[123] Demnach ist der Weiterbildungsbedarf nicht nur ein Ausdruck einer subjektiv empfundenen Notwendigkeit, sondern hat auch eine *normative Dimension* (die Erwartungen des Betriebes, der Führungskräfte und Arbeitskollegen an die Qualifikation der Mitarbeiter).[124]

Viele Autoren – R. Merk, Th. R. Hummel, K. Lang - sprechen vom Qualifikationsbedarf. **Merk** definiert den *Qualifizierungsbedarf* wie folgt:

"Unter Qualifikationsbedarf wird die Summe aller für die Erstellung der betrieblichen Leistung erforderlichen Qualifikationen seitens der Mitarbeiter verstanden. Qualifikationsbedarf ist die Summe aller aus der Gegenüberstellung von Soll- und Ist-Qualifikationen entstandenen Defizite."[125]

Der Qualifikationsbedarf nach **Lang** kann folgende Bereiche betreffen:

die Fachkompetenz (Kenntnisse des jeweiligen Fachgebiets);

die Sozialkompetenz (das sind jene Eigenschaften und Fähigkeiten im sozialen Umfeld, die es einem im Wesentlichen ermöglichen, mit anderen Personen oder in Gruppen zu kommunizieren, Leistungen zu erbringen und Ziele zu erreichen, z. B. Team- und Kommunikationsfähigkeit, zwischenmenschliches Verhakten);

die Methodenkompetenz (jene Fähigkeit, in unterschiedlichen Situationen und Ramenbedingungen die eigenen Verhaltensweisen selbstständig auf dieVeränderungen im Umfeld abzustimmen, z. B. Informationsmanagement, Problemlösungsfähigkeit, Entscheidungsverhalten).[126]

Die Unternehmen können nicht alle Bildungsbedürfnisse der Mitarbeiter befriedigen. Es ist offensichtlich, dass „Unternehmen zum Aufbau, zum Ausbau und zur Erhaltung ihrer Unverwechselbarkeit nicht irgendeine, sondern eine *unternehmenstypische Kompetenz* ihrer Mitarbeiter anstreben."[127]

---

[123] Münch, J. (1995), S. 70.
[124] Vgl. Münch, J. (1995), S. 70.
[125] Merk, R. (1998), S. 181.
[126] Vgl. Lang, K. (2000), S. 35.
[127] Becker, M. (2002), S. 167.

Becker zufolge liegt das Defizit an unternehmensspezifischen Kompetenzen dem betrieblichen Bildungsbedarf zugrunde. Er spricht von der *ökonomisch begründeten Segmentierung,* die die betriebliche Weiterbildung anhand der Ziele der Unternehmen bis auf betrieblich notwendige und bezahlbare Maßnahmen begrenzt.[128]

Für **Seusing** und **Bötel** gibt es *keinen gesamten betrieblichen Weiterbildungsbedarf,* vielmehr sind verschiedene *Ebenen im Unternehmen* zu berücksichtigen. Unter den betrieblichen Bildungsbedarf sind zu subsumieren:

- der individuelle Bedarf der Mitarbeiter;
- die Bedarfe aus den Ebenen der Bereiche/Abteilungen;
- die Bedarfe aus Sicht des Gesamtunternehmens.[129]

Für **Hummel** zeigt der *Vergleich von Soll-Qualifikationsstand und Ist-Qualifikationsstand* den Bedarf an. Aber er spricht ebenfalls von drei Ebenen, auf denen der Qualifikationsbedarf entstehen kann. Nach seiner Auffassung sind die externen Einflussfaktoren (z. B. Marktanforderungen oder technologischer Wandel), die interne Einflüsse innerhalb der Organisation und die Qualifikation einzelner Mitarbeiter zu betrachten.[130]

Aus dem bisher Gesagten lässt sich die folgende *Definition des betrieblichen Weiterbildungsbedarfs* ableiten:

Der betriebliche Weiterbildungsbedarf ist die Folge der betrieblichen Veränderungen auf der Unternehmensebene, die zu Veränderungen auf der Bereichsebenen in Hinblick auf die Zielsetzung und Zielerreichung führen, was wiederum an die Mitarbeiter neue Anforderungen stellt, die von externen und internen Einflussfaktoren ausgelöst worden sind.

Damit ist der Begriff Weiterbildungsbedarf genügend beschrieben. Es schließt sich der nächste Begriff an und zwar Begriff der Bedarfsanalyse, den es im nachfolgenden Kapitel zu erläutern gilt. Dabei wird nicht nur auf den Begriff eingegangen, sondern darauf folgend sollen auch die Schwierigkeiten der Bedarfsanalyse aufgezeigt und ihr Stellenwert beleuchtet werden.

---

[128] Becker, M. (2002), S. 167.
[129] Seusing, B./Bötel, Ch. (2000), S. 23.
[130] Vgl. Hummel, Th. R. (1999), S. 51.

3.3 Zum Begriff Bildungsbedarfsanalyse

Münch unterscheidet *Angebots-, Nachfrage- und Bedarfsorientierung in der Weiterbildung:*

- „Angebotsorientierte Weiterbildung induziert „Bedarf" und geht zum Teil am „tatsächlichen" Bedarf vorbei.
- Nachfrageorientierte Weiterbildung folgt subjektiven Bedarfseinschätzungen und erfasst damit nicht den „objektiven" Bedarf.
- Bedarfsorientierte Weiterbildung ist das Ergebnis eines – über subjektive und situative Wahrnehmungen hinausgehenden – komplexen Findungs- und Gestaltungsprozesses."[131]

Der Autor betont, dass eine bedarfsorientierte Weiterbildung im strengen Sinne eine systematische Bildungsbedarfsanalyse voraussetzt.[132] Es ist zu fragen, was unter Bildungsbedarfanalyse verstanden wird. Es liegen in der Literatur kaum Definitionen zum Begriff Bildungsbedarfsanalyse vor. Daher wird ein Versuch unternommen, sich dem Verständnis von Bildungsbedarfsanalyse anzunähern.

Müller und **Stürzl** definieren *Bildungsbedarfsanalyse* wie folgt:

> „Als Bildungsbedarfsanalyse bezeichnen wir all die Methoden und Instrumente, die geeignet sind, möglichst exakt zu bestimmen, was eine bestimmte Lerngruppe bis zur Erfüllung bestimmter Qualifikationsanforderungen noch zu lernen hat."[133]

In dieser Definition führt vor allem die Bildungsbedarfsanalyse zur *Zielsetzung* der Maßnahmen im Rahmen der Weiterbildung. Die Bedarfsanalyse - so Müller und Stürzl - ist „Zielgenerator" einer Weiterbildungsmaßnahme.[134] Es lässt sich an diesen Gedanken anknüpfen: die Bedarfsanalyse wirft nicht nur das WAS sondern auch das WIE und WO des Lernens auf.

Reimann (1991) hat für die betriebliche Bedarfsanalyse *drei Ebenen* vorgeschlagen, die auf unterschiedliche *Zeithorizonte* abstellen:

- Gegenwartsbezogene Bedarfsanalyse in Bezug auf eine Qualifikationslücke;

---

[131] Münch, J. (1995), S. 70f. Hervorhebung vom Verfasser der Arbeit.
[132] Münch, J. (1995), S. 71.
[133] Müller, H.-J./Stürzl, W. (1992), S. 103.
[134] Vgl. Müller, H.-J./Stürzl, W. (1992), S. 103.

- Vorausschauende Bedarfsanalyse in Bezug auf geplante technische und organisatorische betriebliche Änderungen;
- Prognostische Bedarfsanalyse in Bezug auf Veränderungen bei der Qualifikationsentwicklung.[135]

Müller und **Stürzl** weisen darauf hin, dass jeder Bildungsbedarfsanalyse ein Grundmuster der *Soll-Ist-Abweichungsanalyse* zugrunde liegt.[136] Die nachfolgende Abbildung 18 verdeutlicht die Ansicht von den Autoren.

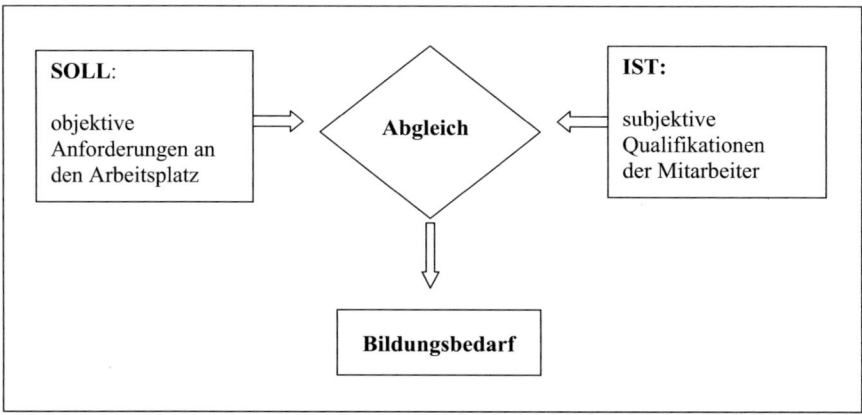

Abb. 18: Bildungsbedarfsanalyse als SOLL-IST-Abweichungsanalyse
Quelle: Müller/Stürzl (1992, S. 106)

Darüber hinaus verweisen **Müller** und **Stürzl** auf die *4 Felder des Bildungsbedarfs*, von denen jedes gesondert erfasst werden muss:[137]

Arten	manifest	latent
funktional	1. Ich weiß/kann nicht…	3. Welche Anforderungen kommen auf mich zu?
extra-funktional	2. Ich verstehe nicht…	4. Mir macht Angst…

Abb. 19: Welche Arten vom „Bildungsbedarf" gibt es?
Quelle: Müller/Stürzl (1992, S. 115)

---

[135] Zit. n. Merk, R. (1998), S. 179.
[136] Vgl. Müller, H.-J./Stürzl, W. (1992), S. 106.
[137] Vgl. Müller, H.-J./Stürzl, W. (1992), S. 115.

Ergänzend hierzu führen die Autoren aus:

„Die Zielsetzung einer Bildungsbedarfsanalyse beschränkt sich also nicht nur auf die Analyse der Felder eins und zwei. Sie soll auch die Felder eins und zwei zu Lasten der Felder drei und vier erweitern." [138]

Auch **Bosch** *warnt davor Bedarf „einfach" abzufragen oder „festzustellen":*

„Die angewendeten Methoden der Bedarfsermittlung müssen dem Entwicklungsaspekt der Bedarfsartikulation Rechnung tragen und ihn fördern. Bedarf muss durch Information, Beratung und Anreize oft erst „hervorgeholt" werden. Geschieht dies nicht, wird nur manifester, nicht aber latenter Bedarf berücksichtigt." [139]

Er greift die *Formel „Blinde Blinde nach dem Weg in die Zukunft befragen"* auf und bringt sie in die wissenschaftliche Diskussion ein. Nach seiner Auffassung müssen die potenziellen Nachfrager erst zur Erkenntnis gelangen, dass Qualifikation ein möglicher Engpassfaktor der wirtschaftlichen Entwicklung ist.[140] Bosch stellt fest, dass viele Unternehmen bis heute nicht über eine betriebliche Bildungsbedarfsanalyse verfügen und von daher nicht in der Lage sind, ihren möglichen eigenen Bedarf anders als in Form von Ad-hoc-Entscheidungen zu artikulieren.[141]

Sonntag spricht von *Bedarfsermittlung* und nach seiner Auffassung beinhaltet sie *drei grundlegende Komponenten:*

- *„die Organisationsanalyse,* die aus Unternehmens, Führungsphilosophien bzw. -grundsätzen, aus Daten der strategischen Planung von „human resources" Zielvorgaben für die personale Förderung ableitet;

- die *Aufgaben- und Anforderungsanalyse,* die die zur Aufgabenbewältigung erforderlichen Kenntnisse, Fähigkeiten und Einstellungen eines Stelleninhabers erfasst;

- die *Personalanalyse,* die individuelle Leistungs- und Verhaltensdefizite und Entwicklungspotenziale ermittelt."[142]

Becker betont ähnlich, dass die Bedarfsanalyse die *Anforderungs- und Adressatenanalyse* umfasst. Demnach befasst sich die Anforderungsanalyse mit der Frage, welche Aufgaben in

---

[138] Müller, H.-J./Stürzl, W. (1992), S. 115.
[139] Bosch, G. (1993), S. 71.
[140] Vgl. Bosch, G. (1993), S. 70.
[141] Vgl. Bosch, G. (1993), S. 70.
[142] Sonntag, K. (1992), S. 10.

Zukunft in der Unternehmung unverändert zu leisten sind, welche Aufgaben sich verändern und welche neu hinzukommen.[143] Die Adressatenanalyse impliziert laut Becker die Frage, welche Mitarbeiterqualifikationen zur Verfügung stehen, welche durch Maßnahmen der Personalentwicklung entwickelt werden können und welche extern neu zu beschaffen sind.[144]

Es lässt sich zusammenfassen, dass die *Bedarfsanalyse unter unterschiedlichen Aspekten* betrachtet werden kann:

- Fragestellung der Bedarfsanalyse;
- Zeithorizont der Bedarfsanalyse;
- Komponenten der Bedarfsanalyse;
- Instrumente der Bedarfsanalyse.

Aus der dargestellten Diskussion zum Begriff *„Bildungsbedarfsanalyse"* wird folgende *Definition* abgeleitet:

> Bildungsbedarfsanalyse ist ein dynamisches Verfahren, das aus einer Mischung von Methoden und Instrumenten besteht und einen dualen Zeithorizont zur Ermittlung der gegenwärtigen und zukünftigen Bedarfe hat, die sich als Potenziale und Defizite verbergen.

Es ist unbestritten, dass die Bedarfsanalyse im Unternehmen im Rahmen der Bildungsarbeit einen hohen Stellenwert hat. Der Unternehmenserfolg steht im Zusammenhang mit Wissen, Können und Fähigkeiten der Führungskräfte und Mitarbeiter. Eine exakte Bedarfsermittlung ist eine der wesentlichen Voraussetzungen dafür, diese Fähigkeiten zu entwickeln.[145] Im nachfolgenden Abschnitt sollen die theoretische Argumentationen und die praktische Erkenntnisse und Erfahrungen im Hinblick auf die Bildungsbedarfsanalyse zusammengeführt werden.

3.4   Stellenwert der Bildungsbedarfsanalysen in der Theorie und Praxis

In der Literatur wird der Bedarfsanalyse von den Personalexperten ein hoher Stellenwert beigemessen. Es werden jeweils *unterschiedliche Aspekte* betont, die sich aber nur gering von

---

[143] Vgl. Becker, M. (1995), S. 66.
[144] Vgl. Becker, M. (1995), S. 66.
[145] Leiter, R. (1982), S. 13.

einander unterscheiden. So schreibt **Wegerich**:

> *„Die Weiterbildungsbedarfsermittlung bildet den **Ausgangspunkt des Personalentwicklungs-prozesses**, dem die Personalentwicklungsplanung, -durchführung und -auswertung folgen."*[146]

Noch dezidierter als Wegerich betont **Sonntag** die Bedeutung der Bedarfsanalyse:

> *„Die Bedarfsermittlung liefert vielfältige **Informationen über Ziele und Inhalte** von Personalentwicklungsmaßnahmen, über Gestaltungsprinzipien von Trainingsmethoden und Lernumfeld und formuliert **Kriterien für die Evaluation**."*[147]

Für **Hummel** ist eine systematische Qualifikationsbedarfsanalyse der erste Schritt einer *systematischen Weiterbildung* und der *Evaluation*, da hier der Grundstein für alle aufbauenden Komponenten gelegt wird.[148]

Für **Seusing** und **Bötel** bilden exakte Bildungsbedarfsanalysen die *Basis einer effizienten und effektiven betrieblichen Weiterbildung*.[149] Somit machen die beide Autoren auf einen weiteren Aspekt der Bedarfsanalyse aufmerksam:

> *"Das Ziel einer Bedarfsanalyse besteht nicht nur in der Erhebung von Qualifikationsdefiziten bzw. der vorausschauenden Weiterbildungsplanung, sondern sie bietet im Sinne eines Bildungscontrollings auch eine Grundlage zur Feststellung des Nutzens betrieblich initiierter Weiterbildungsaktivitäten."*[150]

Severin macht darauf aufmerksam, dass die Bildungsbedarfsanalyse zur *Qualitätssicherung* der betrieblichen Weiterbildung beiträgt.[151]

Es ist offensichtlich eine sehr differenzierte und detaillierte Betrachtung der Bedarfsanalyse, die im engeren Sinne im Rahmen der betrieblichen Weiterbildung stattfindet. Diese Betrachtung deutet die Bedeutung der Bedarfsanalyse an, die in *unterschiedlichen Kontexten* betrachtet wird. Zum Beispiel führen nicht alle Betriebe die Bedarfsanalyse im Rahmen des Bildungscontrollings durch, sondern eher im Rahmen der Personalentwicklung und wiederum andere Betriebe im Rahmen des Qualitätsmanagements.

---

[146] Wegerich, Ch. (2007), S. 95. Hervorhebung vom Verfasser der Arbeit.
[147] Sonntag, K. (1992), S. 10. Hervorhebung vom Verfasser der Arbeit.
[148] Vgl. Hummel, Th. R. (1999), S. 49.
[149] Vgl. Seusing, B./Bötel, Ch. (2000), S. 21.
[150] Vgl. Seusing, B./Bötel, Ch. (2000), S. 22. Hervorhebung vom Verfasser der Arbeit.
[151] Vgl. Severin, E. (1996), S. 65.

Es steht aber fest, dass die Bedarfsanalyse viele Ausgangspunkte anbietet, aber der Blickwinkel ist abhängig von den unterschiedlichen Einstellungen und Betrachtungsweisen. In der nachstehenden Abbildung wird die *Vielfalt der Begründungen* zusammengefasst und visualisiert.

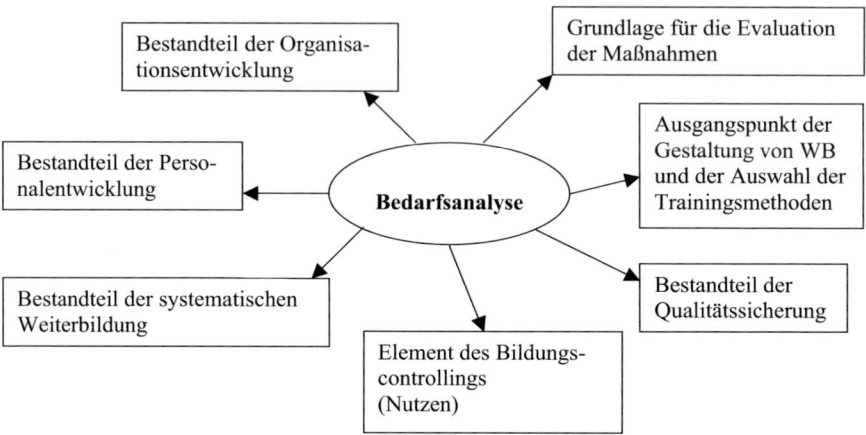

Abb. 20: Teilaspekte der Bedarfsanalyse
Quelle: Eigene Darstellung

Die erste größere Studie zur betrieblichen Weiterbildung wurde 1979 vom Institut der deutschen Wirtschaft (IW) durchgeführt und darin wurde gezeigt, dass die Ermittlung des Weiterbildungsbedarfs als einziges Element des Bildungscontrollings (ohne diesen Begriff zu verwenden) in Form von Vorgesetztenbefragungen und Befragungen der einzelnen Fachabteilungen praktiziert wurde.[152]

Witthaus weist darauf hin, dass Bedarfsanalysen inzwischen vielfach als sinnvolles, bisweilen *unabdingbares Verfahren der betrieblichen Bildungsplanung* begriffen werden.[153] **Seusing** und **Bötel** berichten:

> *„In der betrieblichen Praxis kommt der Bedarfsanalyse eine zentrale Bedeutung im Rahmen der Weiterbildung bzw. im Bildungscontrollingzyklus zu und wird als zentrale Aufgabe des Weiterbildungsbereichs bzw. der Personalabteilung eingestuft."*[154]

---

[152] Vgl. Gnahs, D./Krekel, E. M. (1999), S. 25ff.
[153] Vgl. Witthaus, U. (2000), S. 155.
[154] Vgl. Seusing, B./Bötel, Ch. (2000), S. 23.

Die folgende Tabelle 2 zeigt die Anzahl der Betriebe, die die Bedarfsanalyse einsetzen.

	Ermittlung des Weiterbildungsbedarfs	67 %
500 und mehr Beschäftigten	Aufstellung einer jährlichen Weiterbildungsplanung	67 %
	Zielabsprache mit den Maßnahmeträgern/Dozenten	53 %
	Systematische Auswahl externer Weiterbildungsanbieter	45 %
	Zielausrichtung an den strategischen Unternehmensziel	40 %
	Zielabsprache mit den Teilnehmenden	32 %
	Ermittlung des Weiterbildungsbedarfs	**50 %**
50- 499 Beschäftigten	Aufstellung einer jährlichen Weiterbildungsplanung	44 %
	Zielabsprache mit den Maßnahmeträgern/Dozenten	29 %
	Systematische Auswahl externer Weiterbildungsanbieter	26 %
	Zielausrichtung an den strategischen Unternehmensziel	32 %
	Zielabsprache mit den Teilnehmenden	32 %
	Ermittlung des Weiterbildungsbedarfs	**35 %**
1 – 49 Beschäftigten	Aufstellung einer jährlichen Weiterbildungsplanung	18 %
	Zielabsprache mit den Maßnahmeträgern/Dozenten	15 %
	Systematische Auswahl externer Weiterbildungsanbieter	18 %
	Zielausrichtung an den strategischen Unternehmensziel	20 %
	Zielabsprache mit den Teilnehmenden	37 %

Tab. 2: Controllingelemente in der betrieblichen Weiterbildungsarbeit - Zielbestimmung und Planung der Weiterbildung
Quelle: BIBB, RBS-Befragung 1997. In: Krekel/Seusing (1999, S. 48)

Die Ergebnisse aus einer Betriebsbefragung beweisen, dass die größeren Unternehmen sich mit der Frage der Weiterbildung in der Regel intensiver und systematischer befassen als Klein- und Mittelbetriebe.[155] Es ist nicht überraschend, dass der Anteil der kleineren Betriebe so gering ist. **Münch** weist darauf hin, dass in kleineren Betrieben der Inhaber oder der Geschäftsleiter Planungsaufgaben der Weiterbildung gewissermaßen „nebenberuflich" und damit eher sporadisch und situativ wahrnimmt.[156]

Die Befragung liegt 10 Jahre zurück. Dennoch zeigt diese Prozentuierung auch zum heutigen Zeitpunkt die *hohe Relevanz der Bedarfsanalyse für die Planung, Gestaltung, und Evaluation der Weiterbildungsaktivitäten.* So gewinnt sie eine zentrale Position in der gesamten Bildungsarbeit und erfüllt mehrere Funktionen. Es ist anzunehmen, dass der Anteil der Betriebe

---

[155] Vgl. Seusing, B./Bötel, Ch. (1999), S. 60.
[156] Münch, J. (1995), S. 72.

in den letzten Jahren deutlich gestiegen ist. Eine Erklärung hierfür könnte folgende Überlegung von **Münch** sein:

> *„Aufgrund einer zunehmenden Professionalisierung der Personalentwicklungsarbeit, aber auch aufgrund des gestiegenen Kostendruckes setzt sich jedoch eine zunehmende Bedarfsorientierung durch, die gezielter als bisher auf einen Weiterbildungsbedarf gründet, der mit Hilfe systematischer Bedarfsanalysen ermittelt wurde."[157]*

In einer neuen noch nicht veröffentlichen Studie vom Bundesinstitut für Berufsbildung wurden die Personalentwickler erneut befragt, wodurch eine erfolgreiche Weiterbildungsarbeit möglich ist. Es handelt sich um eine *Einschätzung aus der Perspektive der Personalentwicklung*. Aus der Abbildung 21 wird ersichtlich, dass der Anteil der Bedarfsanalysen bzw. der Wert der Bedarfsanalyse gestiegen ist.

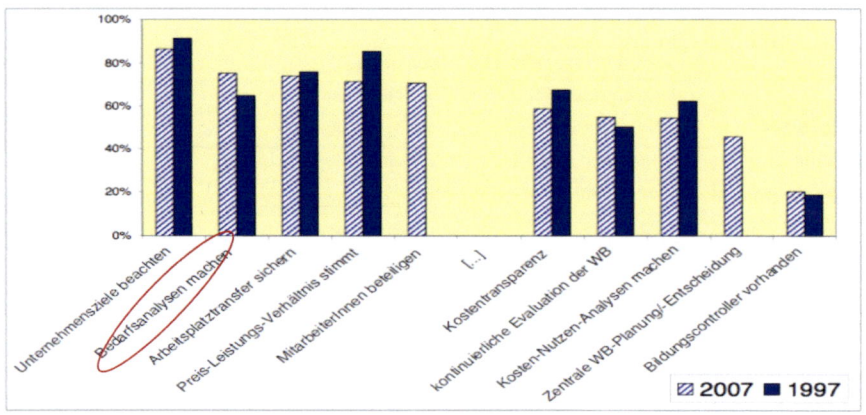

Abb. 21: Faktoren der erfolgreichen Weiterbildungsarbeit
Quelle: Käpplinger, B. (2008), unveröffentliches Manuskript

In einer anderen Studie aus den 90er Jahren wurden die *Vorgehensweisen bei der Bedarfsermittlung* festgehalten. In der Tabelle 3 werden die Ergebnisse dargestellt.

Problemanalysen an neuralgischen Punkten	42,3 %
Befragung von Vorgesetzten	35,6 %
Befragung der Mitarbeiter	34,6 %
Auswertung externer Angebote	27,9 %
Befragung des Betriebsrats	6,7 %

Tab. 3: Vorgehensweise bei der Ermittlung des Weiterbildungsbedarfs[158]
Quelle: von Bardeleben, R. et al. (1990, S. 95)

---

[157] Münch, J. (1995), S. 70.
[158] In den Untersuchungsregionen: Heilbron und Hildesheim.

Es ist auffällig, dass lediglich noch vier andere Vorgehensweisen genannt wurden wie Befragung von Vorgesetzten, Befragung der Mitarbeiter, Auswertung externer Angebote und Befragung des Betriebsrates. **Bardeleben et al.** referieren:

> *„Rund 40 % der Betriebe gaben an, dass man gelegentlich zur Ermittlung von Weiterbildungsbedarf Problemanalysen an neuralgischen Punkten durchführte. Dies wird nur bei sehr gravierenden Problemlagen (z. B. deutliche Mängel der Produktqualität) praktiziert."*[159]

Die betriebliche Weiterbildung ist jedoch ein umfassendes Handlungsfeld, auf dem es einer Vielzahl von Entscheidungen über Inhalte, Finanzierung und Teilnehmer bedarf. Es stellt sich nun die Frage nach den Schwierigkeiten bei der Umsetzung der Bedarfsanalyse. Das nächste Kapitel beschäftigt sich damit.

3.5 Schwierigkeiten der Bedarfsermittlung

Laut **Gründer** wird der Bedarf *retrospektiv und prospektiv* ermittelt. Es lässt sich feststellen, dass die Bedarfsanalyse als solche zeitpunktbezogen ist und erst die Verbindung zwischen der Bedarfsermittlung für zwei verschiedene Zeitpunkte bzw. den von ihnen begrenzten Zeitraum prognostische Probleme aufwirft, die ihrerseits nicht nur als Vorausschau, sondern auch im Rückblick vorgenommen werden können.[160] *Aus der retrospektiven Sicht ist der Bedarf ein Bestand bzw. ein Ist-Zustand und eventuell ein Fehlbestand, kein Bedarf oder Überkapazitäten.* Bezeichnet man den Zeitpunkt der Bedarfsanalyse mit T, so erweist sich die Ermittlung des Bedarfs für den Basiszeitraum als retrospektiv, diejenige für den Zielzeitpunkt als prospektiv.[161] Auf der anderen Seite kann bzw. soll der Bedarf auch prospektiv betrachtet werden, besonders bei der Formulierung der Ziele. Dabei setzt sich der Gesamtbedarf aus *Bestand, Ersatzbedarf, Nachholbedarf und Zusatzbedarf* zusammen. Die Erreichung der Ziele wird wiederum retrospektiv überprüft. Eine Betrachtung vom Zeitpunkt T` entspräche denn der rückblickenden Erprobung bedarfsprognostischer Methoden, die sowohl die Gesichtspunkte einer ex-ante- als auch ex-post-Betrachtung in sich vereinen würde.[162] Das Gesagte soll die nachstehende Grafik verdeutlichen.

---

[159] von Bardeleben, R./Böll, G./Drieling, Ch./Gnahs, D./Seusing, B./Walden, G. (1990), S. 97.
[160] Gründer, F. (1977), S. 82.
[161] Gründer, F. (1977), S. 82.
[162] Gründer, F. (1977), S. 82.

Bedarf

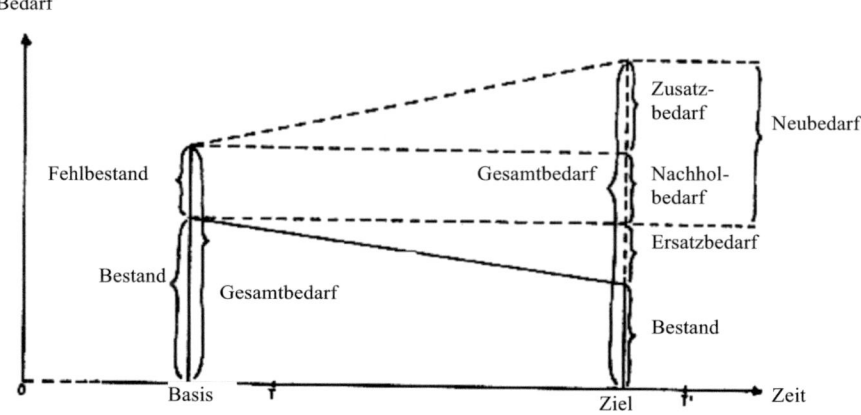

Abb. 22: Komponenten und zeitliche Strukturierung der Bedarfsermittlung
Quelle: Gründer (1977, S. 81)

Gründer macht darauf aufmerksam, dass die retroperspektive Bedarfsermittlung auch der geeignete Weg wäre, um eine prospektiv einzusetzende Ermittlungsmethode auf ihre Zuverlässigkeit zu überprüfen.[163]

Bardeleben et al. weisen darauf hin, dass Betriebe häufig *Schwierigkeiten* haben, konkreten Weiterbildungsbedarf zu benennen. Hierzu führen sie aus:

> *„Während manifester, von den Bedarfsträgern direkt formulierter Bedarf relativ leicht durch eine Befragung zu ermitteln ist, ist die Abschätzung latenten Bedarfs mit erheblichen methodischen Schwierigkeiten verbunden.“*[164]

Aus der Untersuchung geht hervor, dass die Betriebe, die reaktiv Weiterbildung vor allem zur Beseitigung offenkundiger Qualifikationsdefizite bei Einführung neuer Techniken einsetzen, angeben, keine Schwierigkeiten bei der Ermittlung des Weiterbildungsbedarfs zu haben. Für viele andere Betriebe ist dennoch die Bedarfsanalyse im Bereich der Weiterbildung mit Schwierigkeiten verbunden. Darüber hinaus verwiesen die Forscher auf die ausgeprägte Unsicherheit, ob der festgelegte Weiterbildungsbedarf auch dem tatsächlichen Bedarf entspricht und ob nicht wesentliche Qualifikationsdefizite übersehen werden.

---

[163] Vgl. Gründer, F. (1977), S. 80.
[164] von Bardeleben, R./Böll, G./Drieling, Ch./Gnahs, D./Seusing, B./Walden, G. (1990), S. 91.

Aus der Untersuchung wird der Schluss gezogen, dass als besonderes Problem der Bedarfsermittlung die Schwierigkeiten bei der Abschätzung *zukünftiger Qualifikationsanforderungen* besteht.[165]

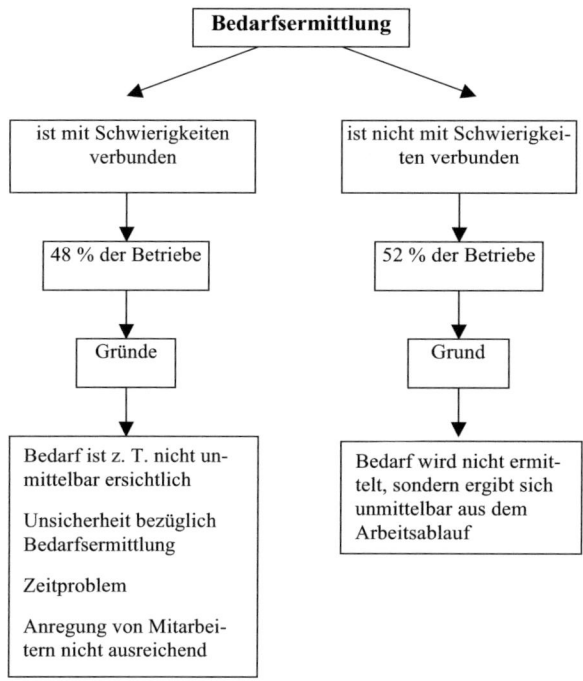

Abb. 23: Schwierigkeiten der Bedarfsermittlung
Quelle: von Bardeleben et al. (1990, S. 98)

Neuberger kritisiert den *Mangel an Konzeptionen für die Bedarfsermittlung* und verweist auf die „hemdsärmelig-konzeptionslose Vorgehensweise" bei der Bedarfsanalyse.[166] Außerdem wird nach seiner Auffassung die Bildungsbedarfsanalyse durch den personalisierenden Zugang eingeengt.[167] Der Autor greift, wie er es selber nennt, „eine ironisierende, aber durchaus erfahrungsgestützte Typologie" von Sattelberger (1983) auf. Die Abbildung 24 zeigt diese auf.

---

[165] Vgl. von Bardeleben, R./Böll, G/Drieling, Ch./Gnahs, D./Seusing, B./Walden, G. (1990), S. 99.
[166] Vgl. Neuberger, O. (1991), S. 159.
[167] Vgl. Neuberger, O. (1991), S. 159.

Bedarfsermittlungs-methode	Dahinter stehendes Rollenverständnis des Bildungsverantwortlichen	oder auch...
„Was möchten Sie, wir liefern"	Bildungswesen als „Christkind"	Abfrage und Befriedigung subjektiver Wünsche und Bedürfnisse
„Wir bieten an, greifen Sie zu" (Wer zuerst kommt, mahlt zuerst)	Bildungswesen als Verkäufer mit „Bauchladensortiment"	Angebot einer Seminar- bzw. Themenpalette und Bedarfsermittlung durch Zahl der Platzbuchungen für die jeweilige Maßnahme
Heute gibt es Fisch (z.B. Kreativitätstraining), auch wenn Sie gerade Schuhe (z.B. Hilfe bei der Einführung von Bilschirmgeräten) brauchen	Bildungswesen als zentralistischer Planwirtschaftler	Zeitlich und inhaltlich festgelegte Mengengerüste, die von Experten geplant werden
Kamillentee (z. B. Verhaltenstraining) hilf bei jeder Krankheit	Bildungswesen als „Wunderheiler"	Standardisiertes Einheitsprogramm („von der Stange"), das zu durchlaufen ist. Quasi ein „Regenschirm", unter dem die unterschiedlichen Probleme Platz finden und gelöst werden.

Abb. 24: Bedarfsermittlungsmethoden
Quelle: Neuberger (1991, S. 159)

Bereits diese wenige Aussagen machen deutlich, dass die konzeptionelle und analytische Bedarfsanalyse noch für viele Unternehmen mit Schwierigkeiten verbunden ist. An dieser Stelle erscheint es besonders reizvoll, die *Verantwortungsträger für die Bedarfsanalyse* zu benennen, deren Zuständigkeit aufzuzeigen sowie deren Aufgaben zu untersuchen. Diesen Fragen wird im nächsten Kapitel nachgegangen.

3.6 Verantwortungsträger bei der Bedarfsermittlung und seine Aufgaben

Es ist unbestritten, dass die Bedarfsanalyse ein zentrales Element in der Weiterbildungsarbeit ist. Die Planung und Durchführung aller Weiterbildungsaktivitäten basieren auf der Analyse, die nicht allein von den Bildungsverantwortlichen durchgeführt werden kann. Die Ermittlung des Weiterbildungsbedarfs im Unternehmen ist offenkundig eine *gemeinsame Aufgabe von Unternehmungsleitung, Personalentwicklung, Führungskräften, Betriebsrat und Mitarbeitern.* Es besteht kein Zweifel, dass diese Akteure im Unternehmen in unterschiedlichem Maße in die Bedarfsanalyse einbezogen sind. So wie sie unterschiedlich in diesem Prozess mitwirken bzw. auf ihn einwirken können, übernehmen sie dementsprechend *unterschiedliche Verantwortungen, spezifische Aufgaben* zu übernehmen und sie erfolgreich zu erfüllen.

Diese Überlegungen werden durch die nachfolgende Aussage von **Hummel** unterstrichen:

> *„Bildungsbedarf kann nur dann gezielt ermittelt werden, wenn sich jeder Funktionsträger des Unternehmens seiner Verantwortung für die Bedarfsermittlung bewusst ist und seine Aufgaben kennt."[168]*

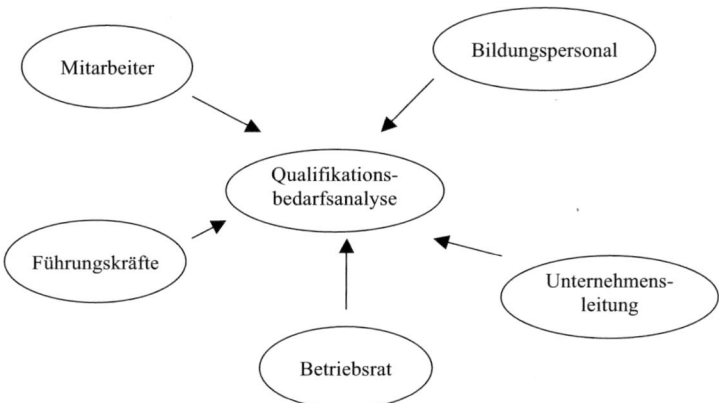

Abb. 25: An der Qualifikationsbedarfsanalyse beteiligte Personengruppen
Quelle: Mentzel (1989, S. 37). In: Hummel (1999, S. 52)

Innerhalb der Bedarfsanalyse treten Personengruppen mit *unterschiedlichen Aufgaben, unterschiedlichen Einflussmöglichkeiten und eigenen Interessen* auf. **Hummel** weist hin, dass die Beteiligten die Qualifikationsanalyse entweder fördern oder behindern können.[169] Es stellt sich die Frage, welche Aufgaben der Bildungsbedarfsanalyse den genannten beteiligten *Personengruppen* zuzuordnen sind. Deshalb sollen an dieser Stelle die Aufgaben und Einflussmöglichkeiten der Funktionsträger im Unternehmen aufgezeigt werden.

---

[168] Hummel, Th. R. (1999), S. 49.
[169] Vgl. Hummel, Th. R. (1999), S. 52.

Die Unternehmensleitung

Die betriebliche Weiterbildung ist ein Teil des Unternehmensgeschehens. Sie zielt auf die Sicherung und Vorbereitung der Kompetenzen der Mitarbeiter im Rahmen der aktuellen und künftigen Anforderungen des Unternehmens. Die Anforderungen sind indirekt in der Unternehmensplanung verankert. Deswegen ist eine *Unternehmensplanung* seitens der Unternehmensleitung unabdingbar für die Planung der Bildungsaktivitäten, die zur Personalentwicklung beitragen.

Hummel betont ausdrücklich:

> *"Fehlt die Planung seitens der Unternehmensleitung, so ist auch der Erfolg der Personalentwicklung gefährdet."*[170]

Deswegen ist es erforderlich die *Unternehmensziele* klar zu *definieren* und die *Bildungsverantwortlichen in die Unternehmensplanung rechtzeitig einzubeziehen.* So schreibt Hummel:

> *„Die Zuweisung von zukunftsorientierten Bildungszielen an die Personalentwicklung und die Führungskräfte des Unternehmens ist die wichtigste Aufgabe, die der Unternehmensleitung bei der Qualifikationsbedarfsanalyse zukommt."*[171]

Die Unternehmensleitung ist verantwortlich für die *Transparenz und Kommunikation von Unternehmenszielen.* Und in der Regel sind es die Führungskräfte des Unternehmens, die zuerst über die Ziele aufgeklärt werden, wenn sie nicht auch schon an der Entwicklung der Ziele beteiligen werden. Diese Beteiligung der Führungskräfte ist ganz entscheidend für die Bedarfsanalyse, da sie für ihre Bereiche Bedarfe ableiten werden. Je klarer jeder Führungskraft das auf ihren Bereich zutreffende strategische Ziel für die nächsten Jahre ist, umso einfacher wird die Weiterbildungsbedarfsklärung sein.[172]

Die Unternehmensleitung ist auch für das *Weiterbildungsklima* im Unternehmen verantwortlich, in dem sie organisatorische Rahmenbedingungen schafft und dafür sorgt, dass es allen Mitarbeitern möglich ist, an der betrieblichen Weiterbildung teilzunehmen. Diese Aufgabe der Unternehmensleitung ist nicht zu unterschätzen.

---

[170] Hummel, Th. R. (1999), S. 53.
[171] Hummel, Th. R. (1999), S. 53.
[172] Turbanisch, I. (1994), S. 76.

Führungskräfte

Becker betont ausdrücklich:

„Weiterbildung der Mitarbeiter ist eine nicht delegierbare Managementaufgabe."[173]

Mit seiner These zielt er darauf ab, dass die Führungskräfte eine *Schlüsselrolle bei der Weiterbildung* und somit bei der Personalentwicklung haben. Sie tragen die Verantwortung für die Entwicklung ihrer Mitarbeiter. Die Führungskräfte kennen die Stärken und Schwächen ihrer Mitarbeiter und können am bestens beurteilen, inwieweit die Mitarbeiter die Anforderungen ihrer Arbeitsplätze erfüllen.

Das Wissen und Können der Mitarbeiter ist eine wichtige Ressource für die Erreichung der Bereichsziele. Dies hat zu Folge, dass sie sowohl die *Bereitschaft ihrer Mitarbeiter zu Weiterqualifizierung unterstützen* als auch sich der *Bedeutung betrieblicher Qualifikation bewusst sein müssen,* um die erforderliche Schritte zur Qualifizierung der Mitarbeiter einleiten zu können.[174]

Es setzt voraus, dass die Führungskräfte die Zusammenhänge innerhalb des Unternehmens verstehen. Dies wiederum setzt voraus, dass die Unternehmensleitung die Führungskräfte mit den benötigten Informationen versorgt. Die Führungskräfte sollen in der Lage sein, sich auch darüber hinaus andere Informationen verschaffen zu können.

Laut **Becker** reichen die Aufgaben der Linienvorgesetzten zur Gewährleistung notwendiger Weiterbildung von der Einstellung, dem Einsatz der Mitarbeiter über die Ermittlung des Weiterbildungsbedarfs, der Veranlassung von Weiterbildung, der Entsendung von Mitarbeitern zu Seminaren bis zur Transfersicherung.[175] Die Unternehmensleitung hat diese Führungsaufgabe von hoher Priorität deutlich zu betonen und die Führungskräfte müssen diese vor Ort leisten.

Es setzt auch voraus, dass die Führungskräfte Instrumente und Methode der Bedarfsanalyse kennen und einsetzen können. Außerdem bedarf es eines kritischen und reflektierenden Umganges mit den Instrumenten und Methoden.

---

[173] Becker, M. (1999), S. 56.
[174] Hummel, Th. R. (1999), S. 56.
[175] Vgl. Becker, M. (1999), S. 56.

Mitarbeiter

Es wurde schon mehrfach betont, dass die Mitarbeiter die Basis für den Erfolg des Unternehmens sind. Dies bedeutet jedoch nicht, dass nur das Unternehmen für die Weiterbildung sorgt. Es erfordert auch die *Initiative der Mitarbeiter,* ihren Qualifizierungsbedarf kritisch zu erkennen und entsprechende Maßnahmen für sich zu fordern bzw. sich selbst entsprechend weiterzubilden.[176]

Hummel fordert sogar auf:

> *„Dem Mitarbeiter muss klargemacht werden, dass geistige Flexibilität eine notwendige Voraussetzung für ein erfolgreiches Bestehen am Markt ist. Die sich ständig veränderten Bedingungen gehen auch an dem einzelnen Mitarbeiter nicht spurlos vorüber."*[177]

Die Mitarbeiter haben die Aufgaben zu bewältigen und wissen, wo die Probleme auftreten. So empfiehlt **Jeserisch:**

> *„Da der Mitarbeiter dem Problem am nächsten steht und meist auch sachkompetent ist, ist es sinnvoll, ihn in die eigene Defizitanalyse einzubeziehen."*[178]

Es setzt aber die Bereitschaft und gewisse Kompetenz voraus, darüber zu reflektieren.

Die Mitarbeiter werden somit zur *Eigenverantwortung* herangezogen, um ihren individuellen Bildungsbedarf selbst zu bestimmen. **Becker** betont, dass selbstbewusste, engagierte Mitarbeiter ihr Lebens- und Berufsgeschick eigenverantwortlich verantworten.[179] Wenn die Mitarbeiter ihre anforderungsgerechte Qualifizierung aktiv mitgestalten, werden sie von *Bildungsbetroffenen* - so Becker - zur *Bildungsbeteiligten.* Auch der *Gesetzgeber* sieht den Mitarbeiter als Mitwirkenden. Laut § 82, Abs. 2 BetrVG hat der Mitarbeiter das Mitwirkungsrecht an der eigenen beruflichen Entwicklung.[180]

---

[176] Hummel, Th. R. (1999), S. 57.
[177] Hummel, Th. R. (1999), S. 57.
[178] Jeserich, W. (1989), S. 106.
[179] Becker, M. (1999), S. 407.
[180] § 82 Anhörungs- und Erörterungsrecht des Arbeitnehmers.
(2) Der Arbeitnehmer kann verlangen, dass ihm die Berechnung und Zusammensetzung seines Arbeitsentgelts und dass mit ihm die Beurteilung seiner Leistung sowie die Möglichkeiten seiner beruflichen Entwicklung im Betrieb erörtert werden. Er kann ein Mitglied des Betriebsrates hinzuziehen. Das Mitglied des Betriebsrates hat über den Inhalt dieser Verhandlung Stillschweigen zu bewahren, sowie es vom Arbeitnehmer im Einzelfall nicht von dieser Verpflichtung entbunden wird.

Insgesamt lässt sich sagen, dass die Entwicklung der Mitarbeiter ohne deren Willen sowieso nicht möglich und vergeblich ist. Das umfassende Entwicklungsangebot bleibt wertlos, wenn die Mitarbeiter nicht bereit sind, von den gebotenen Chancen Gebrauch zu machen.[181] Somit ist der entscheidende Beitrag der Mitarbeiter deren Wille, Initiative und die Bereitschaft, sich ständig weiterzubilden und weiterzuentwickeln.

Das Bildungspersonal

Hummel[182] unterscheidet *drei Aufgabenfelder der Personalentwicklung* bzw. des Bildungspersonals:

1. strategisch-planerisch;
2. operativ-beratend;
3. kontrollierend-steuernd.

Im Weiteren expliziert Hummel diese *Aufgabenfelder im Hinblick auf die Bedarfsanalyse* wie folgt:

- „Zunächst sollte die Personalentwicklung in der Lage sein, Trends und Tendenzen aufzunehmen und deren Bedeutung für das Unternehmen zu erkennen. Diese Informationen müssen ausgewertet werden, um dann in die Planung von Bildungsmaßnahmen mit einfliesen zu können.

- Das zweite Aufgabenfeld wird dadurch charakterisiert, dass eine enge Zusammenarbeit zwischen dem Bildungspersonal und den Vorgesetzten stattfindet. (…) Das Bildungspersonal muss auf die individuellen Bedürfnisse der Fachabteilungen und deren Vorgesetzten eingehen.

- Abschließend geht es im dritten Aufgabenfeld um den Soll-Ist-Vergleich zwischen angestrebten Erfolg und tatsächlich erbrachtem Nutzen für die Adressaten der Qualifizierungsmaßnahme."[183]

Mentzel macht darauf aufmerksam, dass die Personalabteilung immer auf die Mitarbeit der Vorgesetzten angewiesen ist. Und er stellt fest, dass sie diese zwar durch ein entsprechendes Instrumentarium unterstützen kann, aber sie kann den Vorgesetzten niemals die Verantwor-

---

[181] Mentzel, W. (1980), S. 42.
[182] Vgl. Hummel, Th. R. (1999), S. 58.
[183] Vgl. Hummel, Th. R. (1999), S. 58.

tung für die Entwicklung ihrer Mitarbeiter abnehmen.[184] Dies soll im Bewusstsein der Mitarbeiter der Weiterbildung sein.

Kellner und **Bosch** warnen die Personalentwickler, die Ziele selber zu setzen:

> *„Solange Trainingsabteilungen den Bedarf ermitteln, selbst die Ziele setzen und anschließend auch noch die Kontrolle ausüben, kann das Ergebnis nur Selbstbetrug sein."*[185]

Es ist offensichtlich, dass sie lediglich „Hilfe zur Selbsthilfe" bieten sollen.

Es lassen sich folgende *Aufgaben der Mitarbeiter der Weiterbildung* erfassen und ableiten:

* Strategisches Mitdenken;
* Beratung der Führungskräfte und Mitarbeiter;
* Harmonisierung der Ziele von Unternehmen, Bereich und Mitarbeiter;
* Entwicklung der Instrumente;
* Initiierung und Steuerung der Weiterbildungsprozesse;
* Unternehmerisches Controlling der Weiterbildungsprozesse.

Der Betriebsrat

Nach § 80 BetrVG[186] hat der Betriebsrat die Aufgabe, die Interessen der Arbeitnehmer zu vertreten. Im fünften Abschnitt[187] „Personelle Angelegenheiten" (§§ 92-95) und „Berufsbildung" (§§ 96-98) ist das Mitbestimmungsrecht des Betriebsrates im Bezug auf die Problematik der Qualifikationsbedarfsanalyse geregelt.

Der Betriebsrat hat ein *Mitwirkungsrecht:*

* Bei der Einführung von Personalfragebögen und Beurteilungsgrundsätze (§ 94 BetrVG);
* Bei der Förderung der Berufsbildung (§ 96 BetrVG);
* Bei der Einrichtung der Maßnahmen der Berufsbildung (§ 97 BetrVG);
* Bei der Durchführung von Bildungsmaßnahmen (§ 98 BetrVG).

---

[184] Vgl. Mentzel, W. (1980), S. 41.
[185] Kellner, H. J./Bosch, P. A. (2004), S. 46.
[186] Siehe dazu ArbG: VII. Mitbestimmung in Betrieb und Unternehmen. 81. Betriebsverfassungsgesetz. Vierter Teil. Mitwirkung und Mitbestimmung der Arbeitnehmer, 70. Auflage 2007.
[187] Siehe dazu ArbG: VII. Mitbestimmung in Betrieb und Unternehmen. 81. Betriebsverfassungsgesetz. Vierter Teil. Mitwirkung und Mitbestimmung der Arbeitnehmer, 70. Auflage 2007.

Bei Verfahren zur Qualifikationsbedarfsanalyse werden in der Regel Personalfragebögen eingeführt. Laut § 94 BetrVG ist bei der Einführung von Personalfragebögen oder Beurteilungsgrundsätzen die Zustimmung des Betriebsrates zwingend erforderlich. Der Betriebsrat des Unternehmens soll diese Mitbestimmungsrechte kennen und nutzen. Es ist seine Aufgabe, von seinem *Mitwirkungsrecht Gebrauch zu machen.* Der Betriebsrat ist in diesem Sinne eine treibende Kraft im Unternehmen.

Über angesprochen Akteure im Unternehmen hinaus rät **Münch** sogar, unter bestimmten Umständen auch *externe Berater und Experten* zu beteiligen, wie das zum Teil bei der Umstellung auf Gruppenarbeit im Rahmen einer Organisationsentwicklung in Richtung auf Lean Produktion oder Lean Management geschieht.[188] Es ist anzunehmen, dass die Unterstützung von Bildungsberater nicht nur für die kleinen und mittleren Unternehmen, sondern auch für die großen Unternehmen hilfreich sein kann. Insbesondere ist es unter dem Aspekt wichtig, sich vor „betrieblichen Blindheit" zu schützen. Zusammen mit dem Berater können sicherlich passende Formen der Ermittlung von Bildungsbedarf gefunden werden.

Es schließt sich die Frage nach den methodischen Möglichkeiten der Bedarfsanalyse an, denen im Weiteren nachgegangen werden soll.

3.7   Grundlegende Verfahren der Bedarfsanalyse

Es sollen die möglichen Verfahren der Bedarfsanalyse aufgezeigt werden. Damit verbunden werden die verschiedenen Vorgehensweisen untersucht und dargestellt. Bei Sichtung der Literatur werden sowohl eine Reihe von Einflussfaktoren der Bedarfsermittlung genannt als auch konkrete Verfahren dargestellt.

Wegerich stellt *relevante Einflussfaktoren für die Bedarfsermittlung* fest. Die Abbildung 26 zeigt diese auf. Die Autorin betont, dass eine strategisch ausgerichtete Bedarfsermittlung sichtbar machen muss, welcher Schwächen sich die Organisation bewusst sein sollte und welche sie verändern muss.[189]

---

[188] Vgl. Münch, J. (1995), S. 71.
[189] Vgl. Wegerich, Ch. (2007), S. 95.

Externe Faktoren	Personelle Faktoren	Interne Faktoren
Absatzmärkte: Produktionsinnovationen, Marktverschiebungen, Konsumentenverhalten	*Betriebswirtschaft:* Produktivitätsentwicklung, Konkurrenzfähigkeit, wirtschaftliche Situation	*Struktur:* Altersstruktur, Qualifikationsniveau, Nachwuchspotenzial
Arbeitsmärkte: Demografische Strukturen, Absolventen nach Qualifikationen (Quoten Schulabgänger, Hochschilabsolventen)	*Organisation:* Organisationsaufbau, Führungskonzepte, Managementstrategien	*Einstellung der Mitarbeiter:* Arbeitszufriedenheit, Krankenstand, Fluktuation
Technologie: Produktionstechnologie, Prozessoptimierung	*Technik:* Investitionsplanung, Produktionsstrategien	*Verhalten:* Weiterbildungsteilnahmen, Karriereplanung

Abb. 26: Mögliche Einflussfaktoren zur Ermittlung strategischer Themenstellungen
Quelle: Wegerich (2007, S. 96)

So wie die Weiterbildung angebots-, nachfrage- oder bedarfsorientiert sein kann, dementsprechend kann die Bedarfsanalyse auch angebots-, nachfrage- oder bedarfsorientiert sein. So wie bedarfsorientierte Bildung als effektivste und effizienteste Bildung angesehen wird, wird die bedarfsorientierte Form der Bedarfsanalyse als die effektivste Möglichkeit einer systematischen und zielgerechten Bildungsplanung angesehen. Es ist offenkundig, dass nur dann die Ziele der Personal- und Organisationsentwicklung erreicht werden können.

Hummel unterscheidet zwischen *indirekten und direkten Methoden* zur Ermittlung des Qualifikationsbedarfs.

Er definiert *indirekte Methoden* wie folgt:

> *„Die indirekten Methoden der Qualifikationsbedarfsanalyse beschäftigen sich mit internen oder externen Prozessen, die sich kurz-, mittel- oder langfristig indirekt auf das Unternehmen auswirken. Über die Analyse solcher Prozesse soll erreicht werden, den gegenwärtigen und künftigen Qualifikationsbedarf zu ermitteln.“*[190]

Hummel[191] verweist darauf, dass die mittelbaren Aussagen nur Hinweise zum WOFÜR (zu den betrieblichen Zielen) und zum WANN (zur zeitlichen Lage) erforderlicher Qualifizie-

---

[190] Hummel, Th. R. (1999), S. 60f.
[191] Vgl. Hummel, Th. R. (1999), S. 60f.

rungsmaßnahmen geben. Er betont ausdrücklich, dass es zunächst unbeantwortet bleibt, WER diesen Bedarf hat und welcher Bedarf konkret gemeint ist.

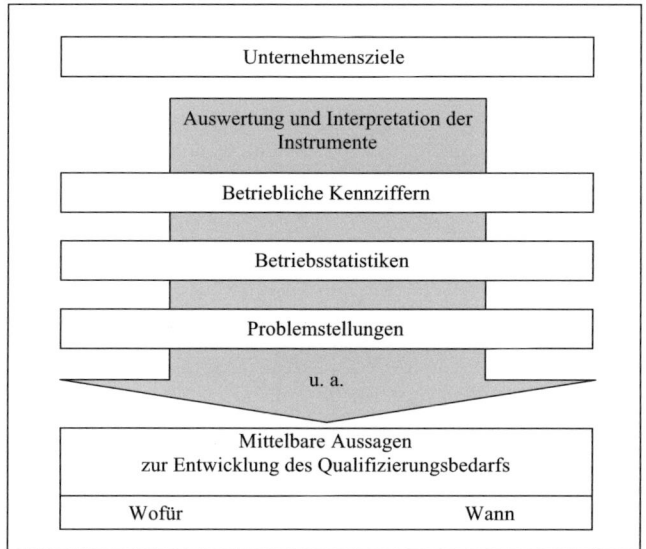

Abb. 27: Schema der indirekten Ermittlungsmethoden des Qualifikationsbedarfs
Quelle: Hummel (1999, S. 61)

Diese Form der Qualifikationsbedarfsanalyse bietet zwar die Möglichkeit einer *kurzfristigen und kostengünstigen Ermittlung von Qualifikationstrends* unter Berücksichtigung betrieblicher Problemstellung, führen aber nicht zu einer nach quantitativen, qualitativen und zeitlichen Aspekten strukturierten Aussage zum Qualifizierungsbedarf und damit nicht zu direkter Umsetzung in Qualifizierungsmaßnahmen.[192]

Hummel definiert *direkte Methoden* wie folgt:

> *„Direkte Methoden der Qualifizierungsbedarfsanalyse haben zum Ziel, in systematischer Form umfassende Informationen über den derzeitigen und zukünftigen Qualifikationsbedarf zu erfassen und auszuwerten."[193]*

Als Instrumente hierfür nennt er die Arbeitsplatzanalyse, Anforderungsprofile, Mitarbeiterbeurteilungen und Qualifikationspotenziale.

---

[192] Hummel, Th. R. (1999), S. 60. Hervorhebung vom Verfasser der Arbeit.
[193] Hummel, Th. R. (1999), S. 61.

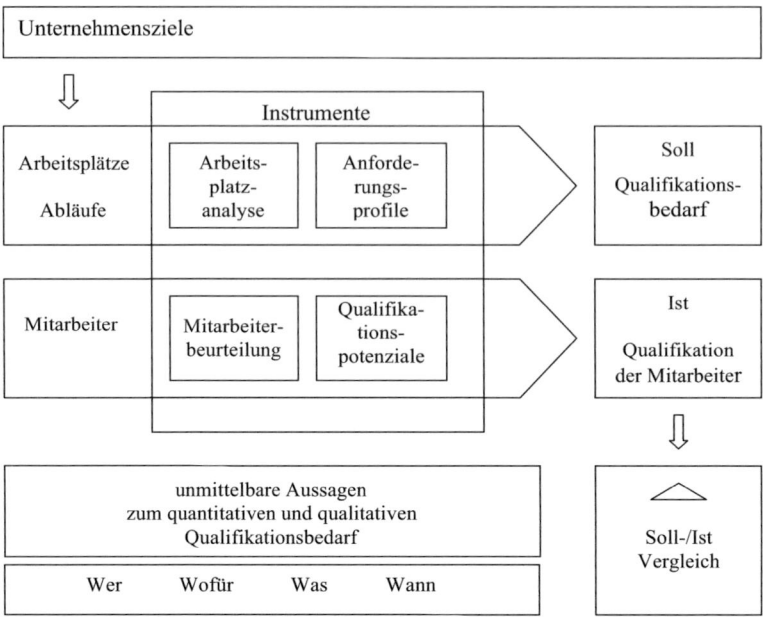

Abb. 28: Schema der direkten Ermittlungsmethoden des Qualifikationsbedarfs
Quelle: Hummel (1999, S. 62)

Diese Form der Qualifikationsbedarfsanalyse erlaubt die Beantwortung der Fragen nach der betroffenen Zielgruppe (Wer), nach den betrieblichen Zielen (Wofür) sowie nach den Inhalten (Was) und der zeitlichen Lage (Wann) der erforderlichen Qualifizierung.[194] Hummel ist überzeugt, dass diese Methoden „zu treffsicheren Aussagen über den qualitativen und quantitativen Qualifizierungsbedarf führen."[195] Für ihn bilden diese Aussagen die Grundlage für eine detaillierte Planung und ihre direkte Umsetzung in bedarfsgerechte Weiterbildung. Allerdings nennt er auch den Nachteil dieser Methode, der im erheblichen Aufwand und den damit verbundenen Kosten liegt.

Becker macht auf den Zusammenhang von der vorherrschende Methode zur Bedarfsermittlung und dem *„Reifegrad" der betrieblichen Weiterbildung* aufmerksam. Er unterscheidet drei *Reifephasen* der betrieblichen Weiterbildung:

    1. Institutionalisierungsphase;

---

[194] Hummel, Th. R. (1999), S. 62.
[195] Vgl. Hummel, Th. R. (1999), S. 62.

2. Differenzierungsphase;
3. Integrationsphase.[196]

Demnach wird in der *Institutionalisierungsphase* der dringendste Weiterbildungsbedarf ohne Nachfragen abgedeckt. Die Bildungsarbeit wird gerade als Aufgabe im Unternehmen institutionalisiert. Becker stellt fest, dass bereits in der *Differenzierungsphase* die Analyse des Bildungsbedarfs in systemischer und gezielter Weise vorgenommen wird.[197] Zur dritten Phase führt Becker aus:

> *„In der Integrationsphase arbeiten Mitarbeiter und Vorgesetzte der jeweiligen Organisationsfamilie unter prozessualer Beratung der Weiterbildungsspezialisten den konkreten Bildungsbedarfs eines Bereiches gemeinsam heraus. In dieser Entwicklungsstufe ist der Übergang von der angebotsorientierten über die bedarfsorientierten zur nachfrageorientierten Weiterbildung vollzogen."[198]*

Darüber hinaus unterscheidet Becker zwischen ***reaktiven und proaktiven Verfahren*** der Bedarfsanalyse und nach dem Grad der Einbeziehung der Mitarbeiter, zwischen ***individuellen, gruppenbezogenen und allgemeinen Verfahren.***[199] Die nachstehenden Abbildung 29 und Abbildung 30 verdeutlichen diese Unterscheidungen.

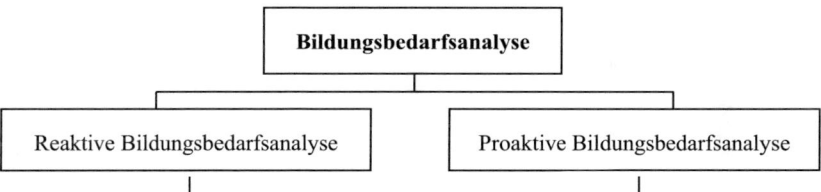

Bildungsbedarfsanalyse

Reaktive Bildungsbedarfsanalyse	Proaktive Bildungsbedarfsanalyse
• „Reparaturbetrieb Betriebliche Bildung" • diagnostische und therapeutische Hilfe zur Wiederherstellung verloren gegangener Kenntnisse/Fähigkeiten/Verhaltensweisen • Impuls geht von hilfesuchenden Mitarbeitern und Vorgesetzten mit unzureichender Qualifikation aus	• verknüpft mit der Unternehmensplanung • transitivisch an künftigen Anforderungen ausgerichtet • Veränderungen in der Zukunft werden zur kalkulierbaren Vorsorge in der Gegenwart • setzt proaktiv „direkte" und „indirekte" Analyseinstrumente ein

Abb. 29: Verfahren der Bildungsbedarfsanalyse I
Quelle: Becker (1999, S. 129)

---

[196] Vgl. Becker, M. (1999), S. 117.
[197] Vgl. Becker, M. (1999), S. 117.
[198] Becker, M. (1999), S. 117.
[199] Vgl. Becker, M. (1999), S. 127.

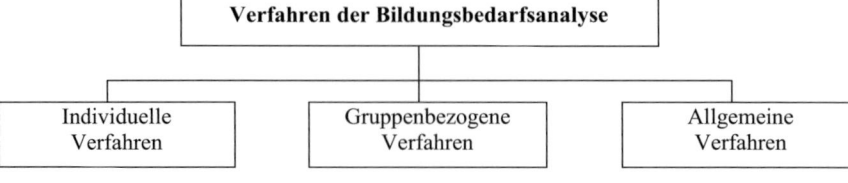

Verfahren der Bildungsbedarfsanalyse		
Individuelle Verfahren	**Gruppenbezogene Verfahren**	**Allgemeine Verfahren**
• Leistungsbeurteilung • Mitarbeitergespräch • Rückmeldungen von Mitarbeitern zum Führungsverhalten • Coaching und Verhaltensfeedback • Kollegen (Peer) Beurteilung • Analyse von Austrittsgesprächen • Analyse von Fluktuationsraten/ Abwesenheitsraten • Stellenbeschreibung • …	• Führungsnachwuchs-Assessment • Führungskreise Lower-Middle-Top Management • Rückmeldung aus Seminaren • Strategieworkshops • Analyse von Karriereplanung und Aufstiegsverhalten • Problemlösungsgruppen • Erkenntnisse aus Erfahrungs-Gruppen • …	• Mitarbeiterbefragung • Klimaanalyse • Einstellungsanalyse • Kundenbefragung • Wissenschaftliche Untersuchungen • Unternehmensvergleiche • …

Abb. 30: Verfahren der Bildungsbedarfsanalyse II
Quelle: Becker (1999, S. 12)

Becker schlägt eine andere Unterteilung der Bedarfsanalyse in *dezentrale und in zentrale* Verfahren vor.

Verfahren	
zentraler Bedarfsermittlung	**dezentraler Bedarfsermittlung**
• Bedarfsfeststellung aus der Abteilung Personal (subjektiv, unsystematisch) • Bedarfsermittlung durch Befragungen von Führungskräften • Bedarfsermittlung durch Befragungen der Mitarbeiter • Bedarfsermittlung durch Beauftragte in den Betriebsbereichen/Expertencontrolling • Modell-Lösung über den Computer	• Bedarfsfeststellung aus Erfahrungswerten von Bereichsbetreuern und Bildungsreferenten (bereichsbezogen, subjektiv) • Befragungen der Vorgesetzten und der Mitarbeiter • Ermittlung des Bildungsbedarfs direkt am Arbeitsplatz • Ermittlung des Bildungsbedarfs aus Gruppensitzungen • Ermittlung des Bildungsbedarfs aus Projektarbeiten, Planungsunterlagen

Abb. 31: Verfahren der Bildungsbedarfsanalyse III
Quelle: Becker (1999, S. 130)

Meier weist darauf hin, dass gegenwärtig der *Gruppenbedarfsanalyse* noch zu wenig Aufmerksamkeit geschenkt wird.[200] Er stellt fest:

> *„Auf Gruppenbedarf wird häufig falsch, zu spät oder gar nicht reagiert:*
> - *falsch, weil nicht alle Betroffenen geschult werden,*
> - *zu spät, weil der Bedarf falsch eingeschätzt wird,*
> - *gar nicht, weil der Bedarf nicht gesehen und nicht ermittelt wird. "[201]*

Meier nennt typische Themen für Gruppen- bzw. Teamseminare: Konfliktmanagement, Kooperation und Kommunikation, Mobbing.

Merk betont, dass die Mitarbeiter, die Arbeitsplätze und die betrieblichen Ziele die entscheidenden Ausgangsgrößen für die Bedarfsermittlung darstellen. Nach seiner Auffassung wird der betriebliche Weiterbildungsbedarf durch *Vergleich der subjektiven Bedingungen des Mitarbeiters mit den objektiven Erfordernissen des Betriebs und seiner Ziele* ermittelt.[202] In der Abbildung 32 wird diese Sichtweise visualisiert.

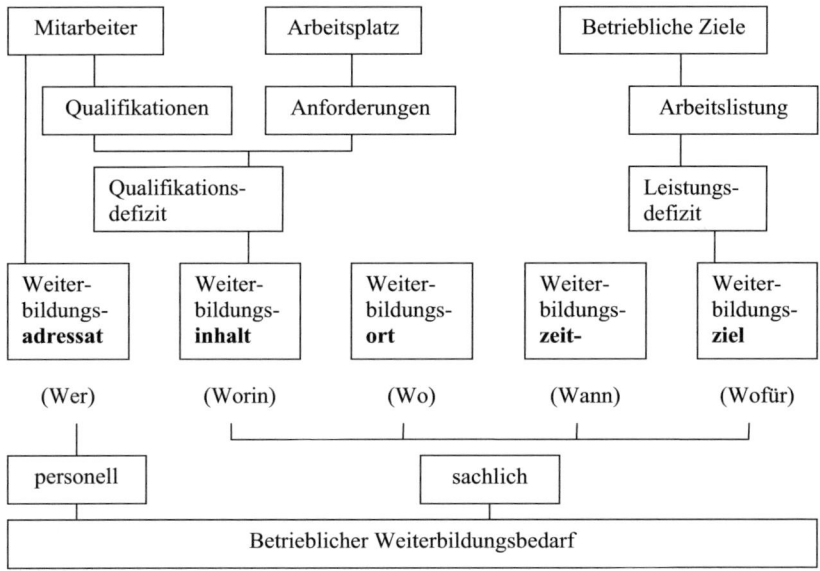

Abb. 32: Betrieblicher Weiterbildungsbedarf
Quelle: Merk (1998, S. 181)

---

[200] Vgl. Meier, R. (2005), S. 101.
[201] Meier, R. (2005), S. 101.
[202] Merk, R. (1998), S. 181.

Unabhängig vom Verfahren steht die Bedarfsanalyse im Zusammenhang mit dem *unternehmerischen Geschehen.* Laut Merk[203] hat die Bedarfsermittlung *vier Fragen* zu beantworten:

- Wer? - betroffener Mitarbeiter/Zielgruppe?
- Was? - Inhalte?
- Wofür? - betriebliche Ziele?
- Wann? - zeitliche Lage?

Schöni et al. sind überzeugt von den begrenzten Möglichkeiten der Bedarfsanalyse: „Bildungsbedarf kann nur im Bezug auf konkrete, abgrenzbare Arbeitsplätze oder Funktionen bestimmt werden."[204]

Merk schlägt ein *Vier-Phasen-Modell* zur Ermittlung des Bildungsbedarfs vor. Diesem Modell zufolge werden im ersten Schritt die *Ziele der Qualifizierung* bestimmt. Danach befassen sich die Schritte zwei und drei mit dem *Qualifikations- und Qualifizierungsbedarf.* Anschließend wird der *Bedarf für das Unternehmen* quantifiziert.

1. Zielbestimmung für die Qualifizierung	Interview mit Leitung der operativen Einheit	Problemorientierung	Aussage zu Veränderungen • der Marktsituation • in der Fertigung neuer Verfahren, Techniken und Produkte
2. Erfassung des Qualifikationsbedarfs	Interviewer mit Abteilungsleiter	Einbeziehung der Fürungskräfte in die themenbezogene Ermittlung der gegenwärtigen und zukunftsorientierten personellen Voraussetzungen	Aussagen zu gegen wärtigen und zukunftsorientierten Arbeitsplatzanforderungen, zu Themenschwerpunkten der Weiterbildung
3. Erfassung des Qualifikationsstandes	Abstimmung mit Personalleiter	Einbeziehung der Personalleiter und Abteilungsleiter zur Erfassung von Qualifikationsdaten	Aussage zu • formaler Qualifikation • durchlaufenen WB-Maßnahmen • Arbeitsplatzanforderungen • Vertretungsverhältnisse
4. Festlegung des Qualifizirungsbedarfs	Ermittlung des quantitativen Bedarfs	Ermittlung des Qualifikationsbedarfs nach Themenschwerpunkte	Aussage zu • speziellen Themen • Zielgruppe • Anzahl der Adressaten • Lernniveau • Termin

Abb. 33: Schritte der Bedarfsermittlung
Quelle: Merk (1998, S. 182)

---

[203] Vgl. Merk, R. (1998), S. 181.
[204] Schöni, W./Wicki, M./Sonntag, K. (1996), S. 54.

Die *Diagnose eines Problems* steht für **Landsberg** und **Weiss** als Ausgangspunkt jeder Bildungsmaßnahme. Somit befürworten die beiden Autoren eine *Problemorientierung* bei der Bedarfanalyse. Sie betonen ausdrücklich die *Notwendigkeit der Problemwahrnehmung und der Situationsanalyse.*

	Auswertung betrieblicher Datenbestände	Auswertung menschlicher Wissenspotenziale
Wahrnehmung von Problemen	1. Personaldatenanalyse 2. Planungsdatenanalyse 3. Kennziffernanalyse 4. Betriebsvergleiche	9. Vorschlagswesen 10. Neujahrsgespräch 11. Problemübersicht 12. Critical-Incident-Programm 13. Persönliche Beobachtungen 14. Erfahrungs-Austauschgruppen 15. Senior-Boards
Analyse von Problemen	5. Skill-Inventory 6. Revisionstätigkeit 7. Qualitätsanalyse 8. Wertanalyse	16. Vorgesetztenbeurteilung 17. Leistungsbeurteilung 18. Potenzialbeurteilung 19. Assessment-Center 20. Beratungs- und Förderungsgespräch 21. Führungsstilanalyse 22. Einstellungsanalyse 23. Ausbildungsbedarfsüberblick 24. Delphi-Befragung 25. Betribsklima 26. Tests 27. Organisationsanalyse 28. Stellen-Analyse

Abb. 34: Instrumente zu Problemanalyse
Quelle: Bronner/Schröder (1983, S. 96). In: Landsberg/Weiss (1992, S. 56)

Generell lässt sich sagen, dass Bedarfsanalysen nur ein Handlungsfeld unter mehreren ist. Und nicht alle Problempunkte müssen dadurch behoben werden. Das ist ein wichtiger Ausgangspunkt jeder Bedarfsermittlung. Sie wählt lediglich strategisch relevante Fragen für das Unternehmen aus.

Im Folgenden werden einzelne *Instrumente zur Ermittlung des Bildungsbedarfs* behandelt. Es wird dabei auf Anwendungen, die in der Literatur beschrieben sind, Bezug genommen.

3.8 Ausgewählte Methoden und Instrumente zur Ermittlung des Weiterbildungsbedarfs

Im Folgenden sollen ausgewählte Instrumente zur Ermittlung des Weiterbildungsbedarfs aufgezeigt werden. Dabei werden traditionelle personalwirtschaftliche Instrumente und strategische Analyseinstrumente auf ihre mögliche Verwendung im Rahmen der Bildungsbedarfsanalyse untersucht.

Unter dem *Zeithorizont* können *operative und strategische Instrumente* unterschieden werden. Zu den strategischen Analyseinstrumenten gehören unter anderen: Delphi-Methode, Szenario-Technik, Personal-Portfolio-Methode, Stärken-Schwächen-Analyse, Experten-Prognose. Die Unterscheidung der Instrumente nach zwei Kategorien von **Müller** und **Stürzl** ist in dieser Betrachtung ebenso aufschlussreich. Sie unterscheiden zwischen den Instrumenten zur *Ermittlung der Soll-Anforderungen* (Stellenbeschreibungen, Arbeitsplatzanalyse, Moderationsmethode, Prognoseteams) und den Instrumenten zur *Ermittlung der Ist-Qualifikation* (Beurteilungsunterlagen, Befragung, Beobachtung, Moderationsmethode, Assessment-Center, Einstellung- und Betriebsklima-Studien, Analysen des Führungsstils, Selbstmanagement).[205]

3.8.1 Delphi-Methode

Die Delphi-Methode ist ein *strategisches Instrument* und dient vor allem den *Zukunftsprognosen.* Für die Bildungsbedarfsanalysen sind solche Prognosen von Bedeutung. Im Rahmen der Weiterbildung wird eher Proaktivität als Reaktivität auf die Defizite angestrebt. Bezüglich der Prognosen werden in der Regel sowohl *externe wie auch interne relevante Einflussfaktoren* für die Organisation berücksichtigt. Auf diesen Aspekt verweist **Strube** ausdrücklich:

> *„Von besonderer Relevanz für die Qualifikationsbedarfsbestimmung ist zunächst eine weitgehend verlässliche Prognose der Entwicklung der externen Situationsdimensionen, die im Wesentlichen die Gestaltung und Planung der „inneren Situation" der Organisation bestimmen."*[206]

Schöllhammer sieht in der Delphi-Methode ein für diese Problemstellung besonders geeignetes Prognoseinstrument:

---

[205] Vgl. Müller, H.-J./Stürzl, W. (1992), S. 108ff.
[206] Strube, A. (1982), S. 98.

„Grundsätzlich läst sich die Delphi-Methode zur Lösung aller Prognoseprobleme einsetzen, im betrieblichen Bereich am zweckmäßigsten jedoch zur Prognose von externen Änderungen technologischer, sozio-ökonomischer und demographischer Art, von denen ein entscheidender Einfluss auf die Unternehmensstrategie zu erwarten ist. "[207]

Diese Methode zeichnet sich durch *keinen vorgegeben Ablauf* aus und wird in unterschiedlicher Weise eingesetzt. Allerdings stellen **Häder** und **Häder** eine Reihe von Merkmalen fest, die sich als charakteristisch für das *klassische Design* erwiesen haben:

* Verwendung eines formalisierten Fragebogens;
* Befragung von Experten;
* Anonymität der Einzelantworten;
* Ermittlung einer statistischen Gruppenantwort;
* Information der Teilnehmer über die (statistische) Gruppenantwort;
* (mehrfache) Wiederholung der Befragung.[208]

Die Grundidee der Delphi-Methode besteht darin, die zukünftigen *Entwicklungsprognosen* vorherzusagen und Expertenmeinungen zur Lösung der eventuell auftretenden Probleme einzuholen und zu nutzen. So schreibt **Strube**:

„Die Prognoseergebnisse der Delphi-Methode über relevante externe Umweltentwicklungen stecken den Rahmen für die Planung der Veränderung der internen Situationsdimensionen und die Konkretisierung des künftigen Organisationsbedarfs ab. "[209]

Es ist offensichtlich, dass die Änderungen auf der Organisationsebene zu Änderungen auf der Bereichsebene und zu neuen Herausforderungen für die Führungskräfte und neuen Aufgabenstellungen für die Mitarbeiter im Unternehmen führen. In diesem Zusammenhang ergibt sich in der Regel ein Bildungsbedarf. Somit kann die Delphi Methode als geeignete Methode zur Ermittlung des zukünftigen Bildungsbedarfs angesehen werden. Zoski hebt ebenfalls die Eignung von Delphi zur Erkundung von „educational research needs" hervor.[210]

Zum Schluss soll aber zusammen mit **Häder** und **Häder** darauf hingewiesen werden, dass die Möglichkeiten und Grenzen des Verfahrens noch nicht befriedigend erforscht sind.[211]

---

[207] Schöllhammer, H. (1970), S. 135.
[208] Vgl. Häder, M./Häder, S. (2000), S. 15.
[209] Strube, A. (1982), S. 99.
[210] Zoski, K. W. (1989). Zit. n. Häder, M./Häder, S. (2000), S. 14.
[211] Vgl. Häder, M./Häder, S. (2000), S. 27.

3.8.2   Szenario-Technik

Die Szenario-Technik gehört zu den *strategischen Analyseinstrumenten* und dient im Rahmen der strategischen Planung der *langfristigen Prognose*. Aufgrund schwer voraussehbar technologischer, sozialer, politischer und ökonomischer Entwicklungen stellen die Fortschreibungen nicht mehr zufrieden. Mit Hilfe von Szenarien wird versucht, „bewusst vereinfache Prognosen in integrierter Form unter bestimmten Basisannahmen zu stellen."[212] Hierbei werden die Unsicherheitsfaktoren offen gelegt und die Formulierung strategischer Alternativen unterstützt.

Die weit blickende *zukunftsorientierte Personalentwicklung* basiert sicherlich auf der strategischen Planung. Diese wiederum basiert auf Entwerfen von Visionen und Entwickeln von verschiedenen Wegen. So betonen **Allespach** und **Novak:**

> *„Das Zeichnen von „Bildern" über die Zukunft mit dem Abwägen und Bewerten der einzelnen Faktoren und Einflussgrößen ist ein empfehlenswerter Weg zur Gestaltung der Zukunft."[213]*

Diese Vorgehensweise ist im Rahmen der Personalbeschaffung, Personalbetreuung und Personalentwicklung unabdingbar. **Wunderer** und **Schlagenhaufer** schreiben:

> *„Die spezielle Personalszenarien befassen sich mit sämtlichen Einflussbereichen, die zukünftig Auswirkungen auf die Personalarbeit haben werden."[214]*

Somit ermöglicht die Anwendung der Szenario-Technik reichliche Erkenntnisse, die in der Regel eine Grundlage für die weiteren Maßnahmen zur Abwehr möglicher Risiken oder zur Vorbereitung auf die neuen Anforderungen der Zukunft bilden.

Die Grundidee der Szenario-Technik besteht darin, *nicht die Antworten auf die Zukunft zu finden, sondern sich an die Zukunft Schritt für Schritt anzunähern* und darauf vorzubereiten. Im Rahmen einer Szenario-Analyse werden externe und interne Daten erfasst und analysiert und darüber hinaus werden diverse Einflussbeziehungen problematisiert. Es wird ersichtlich, dass diese Methode für die Ermittlung des zukünftigen Weiterbildungsbedarfs von Bedeutung ist.

---

[212] Wunderer, R./Schlagenhaufer, P. (1994), S. 74.
[213] Allespach, M./Novak, H. (2004), S. 2 (Vorwort).
[214] Vgl. Wunderer, R./Schlagenhaufer, P. (1994), S. 74.

3.8.3 Personal-Portfolios

Der Begriff Portfolio (lat. portare „tragen" und folium „Blatt") bedeutet eine Zusammenstellung. Dieser Begriff wird in unterschiedlichen Bereichen verwendet wie Finanzen, Management, Marketing, Bildung, Kunst, Design. Es handelt sich entweder um eine Sammlung von Objekten oder Methoden, Verfahren, Handlungsoptionen, Risiken. Dem Aufbau eines Portfolios liegt eine *Analyse* zugrunde.

Die erste personalbezogene Darstellung eines Portfolios geht zurück auf **Odiorne**, der das „Potenzial" von Mitarbeitern mit ihrer „tatsächlichen Leistung" verglich.[215] Odiorne definiert *vier Gruppen der Mitarbeiter* und schlägt mögliche *Personalstrategien* vor:

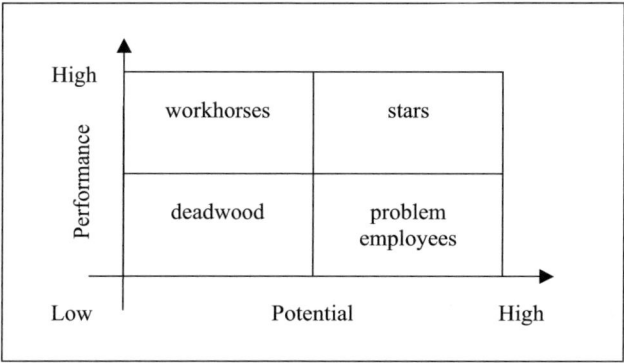

Abb. 35: Human Resources Portfolio
Quelle: Odiorne (1984). In: Wunderer/Schlagenhaufer (1994, S. 70)

„workhorses: Sie weisen eine *hohe Bindung* an das Unternehmen auf, verfügen aber eine *geringe Entwicklungsfähigkeit*. Hierunter fallen unter Umständen Stabspezialisten und Mitarbeiter hohen Alters. Eine mögliche Strategie besteht darin, auf mögliche Karrierepfade im internen Bereich des Unternehmens hinzuweisen.

deadwood: Deren *niedrige Entwicklungsmotivation* könnte durch einen niedrigen Bindungswillen bedingt sein. Eine Strategie könnte lauten, diesen Mitarbeitern Entwicklungsmöglichkeiten aufzuzeigen, um so deren Bindung an das Unternehmen zu erhöhen.

---

[215] Papmehl, A. (1990), S. 56.

problem employees: Hier finden sich möglicherweise *Nachwuchsführungskräfte*, von denen man nicht genau weiß, ob sie längerfristig im Unternehmen tätig sein wollen oder es nur als Karrieresprungbrett ansehen. Durch Aufzeigen von Karrierepfaden und die Durchführung von Bildungsmaßnahmen soll versucht werden, die Repräsentanten dieses Feldes in Richtung „Stars" zu bewegen.

stars: hier finden sich *hochmotivierte Mitarbeiter*, die dem Unternehmen langfristig ihr Fähigkeitspotenzial zur Verfügung stellen."[216]

Wunderer und **Schlagenhaufer** weisen auf die *Vorteile der Portfolio-Analyse* im Personalbereich hin:

- Betrachtung der Belegschaft aus einem strategischen Gesamtzusammenhang;
- Verwendung der Portfolios als Beurteilungsinstrument;
- Diskussionsgrundlage durch Visualisierung für die Geschäftleitung.[217]

Dagegen stehen jedoch auch *Nachteile* dieser Methode:

- Zwei Dimensionen reichen für eine ganzheitliche Mitarbeiterbeurteilung nicht aus;
- Schablonisierung der Mitarbeiter;
- Eine klare Zuordnung von Mitarbeitern in eine der vorgegebenen Kategorie ist nicht immer möglich;
- Die Durchführung aufschlussreicher Konkurrenzvergleiche scheitert am Informationsmanagement bezüglich vergleichbarer Unternehmen.[218]

Nichtsdestotrotz ist es offensichtlich, dass sich dieses Model implizit mit den Weiterbildungs- und Entwicklungsbedarfen beschäftigt.

Die *Aussagefähigkeit des Models* im Bezug auf die Ermittlung von Weiterbildungs- und Entwicklungsbedarfen hat **Witt** erweitert. Für Witt ist der Odiorne-Klassiker im Bereich der Personalportfolios nämlich das Leistung-/Potenzial-Potfolio problembehaftet. Einen wesentliche Grund sieht er darin, dass „die aktuelle Personalleistung (die tatsächliche Mitarbeiterleistung) einerseits und die Personalentwicklungsmöglichkeit anderseits für gewisse Mitarbei-

---

[216] Odiorne (1984). Zit. n. Wunderer, R./Schlagenhaufer, P. (1994), S. 70.
[217] Vgl. Wunderer, R./Schlagenhaufer, P. (1994), S. 71.
[218] Vgl. Wunderer, R./Schlagenhaufer, P. (1994), S. 71.

tergruppen stark korrelieren, für andere hingegen nicht."[219] Die Überlegungen von Witt finden sich in nachfolgender Grafik, der *Bildungsmöglichkeit* und *Entwicklungsfähigkeit* der Mitarbeitergruppen in zweidimensionaler Beziehung betrachtet.

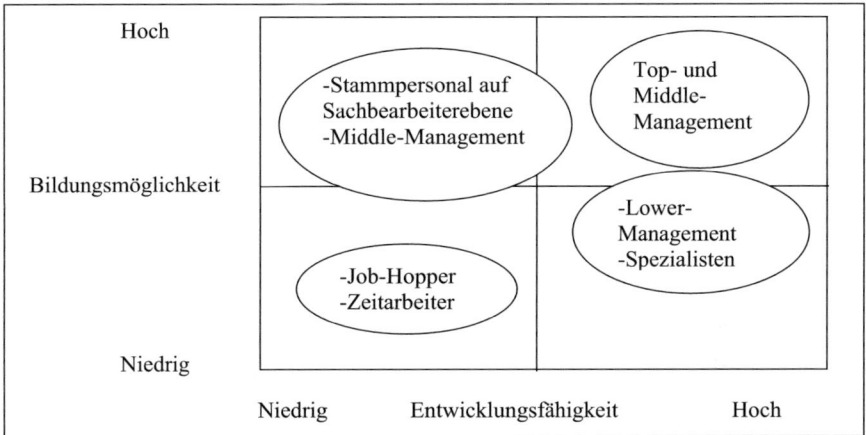

Abb. 36: Portfolio Bindungsmöglichkeit – Entwicklungsfähigkeit
Quelle: Witt (1991, S. 242)

Weitere Überlegungen zum Einsatz der Portfolio-Analyse im Personalbereich finden sich bei **Papmehl** (1990). Er unterscheidet grundsätzlich zwischen dem *Ist-Portfolio* und dem *strategischen Ziel-Portfolio*.[220] Vom Autor werden verschiedene Varianten der Analyse im Hinblick auf Erkennen von Human-Ressourcen-Engpässen, Kosten und Leistungen von Schulungsmaßnahmen, Analyse des Mitarbeiterstamms in Bezug auf Qualifikation und Motivation und Bindungsvorteile in Abhängigkeit vom Lebensalter dargestellt. In jedem Ansatz ist ein Hinweis auf den nachstehenden Bildungsbedarf im Unternehmen verborgen. Zum Beispiel bei der Analyse vom Bestand an Fachkräften wird im Fazit eine Alternative der Umqualifizierung ähnlicher Berufsbilder betrachtet.

Die Portfolio-Analyse kann als ein geeignetes strategisches Analyseinstrument im Rahmen der Bildungsbedarfsanalyse angesehen werden, das die Entwicklung der langfristigen Strategien im Rahmen der Personalentwicklung und somit eine langfristige Planung der Maßnahmen ermöglicht. Es scheint jedoch eine *Diskrepanz zwischen Theorie und Praxis* zu bestehen.

---

[219] Witt, F.-J. (1991), S. 245.
[220] Vgl. Papmehl, A. (1990), S. 57.

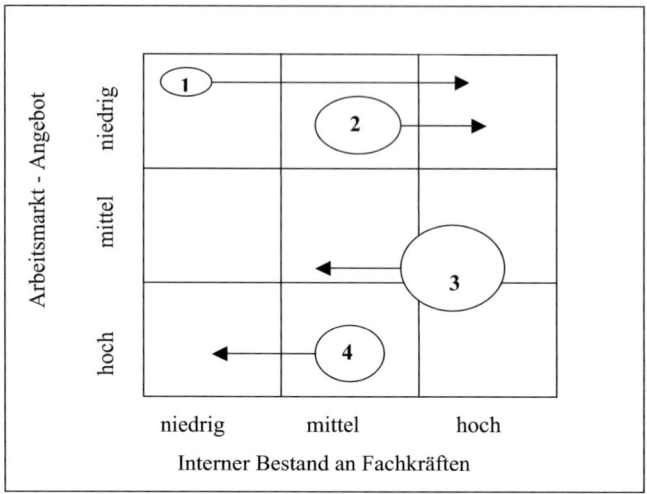

Abb. 37: Personal-Portfolio, Angebot und Bestand an Fachkräften
Quelle: Papmehl (1990, S. 59)

Witt stellt fest: "Personalportfolios und insbesondere Personalentwicklungsportfolios werden in der Praxis äußerst selten eingesetzt.[221] Es ist anzunehmen, dass dieses Instrument entweder auf Grund seiner *Komplexität* nicht eingesetzt wird oder auf Grund seiner *Schwachstellen*. Allerdings hat sich das Instrument in der Praxis noch nicht weit verbreitet. Darüber hinaus liegen keine empirischen Untersuchungen zum Einsatz dieses Instrumentes vor.

3.8.4 Befragungen

Leiter et al. bezeichnen die Befragung als die *einfachste Methode* der Bedarfsermittlung.[222] Und es ist nicht erstaunlich, dass **Döring et al.** schreiben:

> *„Das am häufigsten eingesetzte Instrument der Bedarfserhebung ist die Befragung. Diese findet in den Unternehmen in der Regel große Akzeptanz."[223]*

Befragungen können sich entweder an die *Mitarbeiter* selbst oder an die *Vorgesetzten* richten. Mitarbeiterbefragungen können laut **Wiedemann** durch Bildungsbeauftragte mit Hilfe von

---

[221] Witt, F.-J. (1991), S. 248.
[222] Vgl. Leiter, R./Runge Th./Burschik, R./Grausam, G. (1982), S. 26.
[223] Döhring, O./Geldermann, B./Rätzel, D./Seifert, M./Löffelmann, S./Forster, U. (2007), S. 25.

Interviews, Fragebogen-Erhebungen, "Critical Incident"-Methoden oder Gruppengesprächen durchgeführt werden.[224] Er macht gleichzeitig auf die *Schwachstellen dieser Methoden* aufmerksam. Er weist drauf hin, dass mit Interviews *meistens nur die Vorgesetzten* von Mitarbeitern befragt werden und oft unvollständige Ergebnisse sowie in starkem Maße *Meinungen statt Fakten* erfasst werden.

Meier bewertet auch die Befragungsmethode als die einfachste Methode und sieht deren Hauptziel in der Ermittlung der individuellen Weiterbildungswünsche.[225] Demnach kann solche Ermittlung durch offene Fragen erfolgen, die über die Angabe von Themenbereichen (Sprache, IT, Sozialkompetenzen usw.) differenziert werden können. Er empfiehlt nach dem Bedarf der Arbeitsgruppen zusätzlich zu fragen. Meier meint ausdrücklich die Befragung der Mitarbeiter. Allerdings spricht er auch von *Vorteilen und Nachteilen* dieser Methode:

„Vorteil einer offenen Fragestellung ist, dass die Mitarbeiter in ihren Angaben nicht beeinflusst werden. Nachteilig ist, dass die Auswertung mühsam ist und die Befragten nicht an alle sinnvollen und für sie wichtigen Themen denken. "[226]

Mentzel bezieht eine *Gegenposition:*

„Die Erfahrung hat gezeigt, dass die von den Mitarbeitern selbst geäußerten Interessen und Entwicklungswünsche sehr konkret und zuverlässig sind. Durch die Befragung ausgelöste Beschäftigung des Einzelnen mit seiner Situation, seinen Wünschen und deren Realisierungschancen stellt eine gute Voraussetzung für künftige Gespräche und Förderentscheidungen dar. "[227]

Mit diesem Argument steht er nicht alleine. **Döhring et al.** befürworten ebenso die Mitarbeiter als „Experten ihres Bedarfes zu sehen".[228]

Es bleibt festzuhalten, dass die Befragung eine geeignete Methode der Bedarfsanalyse ist. Diese Methode ist sicherlich für fast jedes Unternehmen *praktikabel* und beansprucht *keinen großen Kostenaufwand*. Allerdings bedarf auch die einfachste Methode einer Basis, wie zum Beispiel einer Unternehmenskultur, einer Akzeptanz.

---

[224] Vgl. Wiedemann, J. (1995), S. 9.
[225] Vgl. Meier, R. (2005), S. 86.
[226] Meier, R. (2005), S. 88.
[227] Mentzel, W. (2005), S. 94.
[228] Döhring, O./Geldermann, B./Rätzel, D./Seifert, M./Löffelmann, S./Forster, U. (2007), S. 24.

Darüber hinaus bedarf es einer *objektiven Analyse zwischen dem tatsächlichen Bedarf des Unternehmens und den Weiterbildungswünschen der Mitarbeiter.* Daher ist diese Methode in Kombinationen mit den anderen Instrumenten einzusetzen.

3.8.5 Mitarbeitergespräche

Das Mitarbeitergespräch ist das wahrscheinlich *am häufigsten eingesetzte und verbreiteste Instrument zur Ermittlung des Weiterbildungsbedarfs* im Unternehmen. In der Regel tragen die Führungskräfte die Verantwortung für die Entwicklung der Mitarbeiter, die dieses Instrument als besonders praktikable Form der Bedarfsermittlung betrachten und bewahren.

Bei einem Mitarbeitergespräch als *personalwirtschaftliches Instrument* handelt es sich nicht um die tägliche Kommunikation zwischen den Vorgesetzten und deren Mitarbeiter, sondern um ein *geplantes, beidseitig inhaltlich vorbereitetes, strukturiertes Gespräch.* Die Gespräche finden in der Regel jährlich statt und dauern etwa ein bis zwei Stunden.

In der Praxis sind *verschiedene Bezeichnungen* für die Mitarbeitergespräche, wie Entwicklungs- und Förderungsgespräch, Beurteilungsgespräch, Zielsetzungsgespräch, Feedbackgespräch, Führungsgespräch zu finden. Es existiert keine einheitliche Bezeichnung für dieses Instrument, da die Unternehmen verschiedene Schwerpunkte mit diesem Instrument setzen.

Laut **Meier** haben die Mitarbeitergespräche *drei Zielebenen:*
1. die Verbesserung der Aufgabenerledigung,
2. die Verbesserung der Interaktion zwischen Führungskraft und Mitarbeiter sowie
3. die Förderung des einzelnen Mitarbeiters.[229]

Es handelt sich zuerst um eine Verbesserung auf der Mitarbeiterebene, die sicherlich auf die Bereichsebene übertragen wird und letztendlich zu Verbesserungen im ganzen Unternehmen beiträgt. **Nagel et al.** bezeichnen das Mitarbeitergespräch als *„Hebel zur Entwicklung des ganzen Unternehmens".[230]* Diese Entwicklung beginnt mit der Entwicklung der einzelnen

---

[229] Vgl. Meier, R. (2005), S. 35.
[230] Vgl. Nagel, R./Oswald, M./Wimmer, R. (2001), S. 17.

Mitarbeiter. Es setz aber voraus, dass der Entwicklungswunsch oder Qualifizierungsbedarf vom Mitarbeiter artikuliert wird. Und so betont **Meier**:

"Der Qualifizierungsbedarf wird am besten im Rahmen eines Gesprächs zwischen Führungskraft und Mitarbeiter ermittelt."[231]

Es lassen sich *drei Arten von Gesprächen* unterscheiden, die zur Ermittlung des Bildungsbedarfs führen können:

1. Leistungsbeurteilungsgespräch,
2. Zielvereinbarungsgespräch,
3. Strukturiertes Mitarbeitergespräch.

Beim *Mitarbeiterbeurteilungsgespräch* oder auch oft *Leistungsbeurteilungsgespräch* genannt, steht die *Beurteilung der Leistungen* des Mitarbeiters im Vordergrund. Die Personalbeurteilung hat in der Personalwirtschaft eine lange Tradition. Neben ihrer Funktion als betriebswirtschaftliches Hilfsmittel ist die Personalbeurteilung ein zentrales Instrument zur Führung von Mitarbeitern.[232] Die Beurteilung mündet in die Entwicklung und stellt somit eine *Grundlage für die Ermittlung des Bildungsbedarfs* dar. Diese Überlegung wird durch die nachfolgende Aussage von **Becker** unterstrichen:

„Sowohl in der zweiten als auch in der dritten Generation der betrieblichen Bildungsarbeit bieten Leistungsbeurteilungen und insbesondere strukturierte Mitarbeitergespräche hervorragende Möglichkeiten der Bildungsbedarfsanalyse."[233]

Das *Zielvereinbarungsgespräch* beinhaltet die *Beurteilung der vereinbarten und erreichten Ziele*. Die Ziele werden in der Regel zwischen direkten Vorgesetzten und Mitarbeitern im Bezug auf die Bewältigung der Anforderungen des Unternehmens vereinbart. **Becker** unterscheidet zwischen *3 Zielarten: Leistungsziele, Verhaltensziele und Entwicklungsziele*. Herzu führt der Autor aus:

„Leistungsziele beschreiben besondere herausfordernde Aufgaben, die ein Mitarbeiter im Laufe einer konkret vereinbarten Zeit unter Nutzung bestimmter Ressourcen und mit Aufgaben klar definierter Quantität und Qualität zu leisten hat. Verhaltensziele beschreiben, in welcher Art und Weise ein Mitarbeiter seine Zusammenarbeit gestalten sollte. Entwicklungsziele beziehen sich auf die Nutzung der Potenzialreserven."[234]

---

[231] Meier, R. (2005), S. 34.
[232] Pleyer, G. (1994), S. 196.
[233] Becker, M. (1999), S. 142.
[234] Vgl. Becker, M. (1999), S. 142.

Und er verweist darauf, dass aus den Zielvereinbarungsgesprächen wichtige Hinweise für die anforderungsgerechte Qualifizierung gewonnen werden können.[235] Dies ist jedoch nicht erstaunlich, da in der Regel bei der Zielvereinbarung die *Stärken und Schwächen* des Mitarbeiters offen gelegt werden, was wiederum eine Grundlage für die Förder- und Entwicklungsmaßnahmen darstellt, um Schwächen zu verringern und Stärken aufzubauen.

Die *Verknüpfung der Leistung- und Entwicklungsbeurteilung* zur Ermittlung des Weiterbildungsbedarfs oder Förderung des Potenzials scheint sinnvoll zu sein, jedoch *nicht in jeder Situation.* Auf diese macht Becker aufmerksam:

> *"Die kombinierte Behandlung der Themengebiete Leistung und Entwicklung ist nur dann zu empfehlen, wenn an die leistungsorientierte Zielvereinbarung keine variable Vergütung geknüpft ist. "[236]*

Becker betont, dass das *strukturierte Mitarbeitergespräch* das Mitarbeiterbeurteilungsgespräch und Zielvereinbarungsgespräch ersetzt. Die Inhalte des strukturierten Gesprächs beziehen sich auf die erzielten Leistungen, auf das gezeigte Verhalten, auf Potenzial des Mitarbeiters und auf die Zielvereinbarung.[237] Somit besteht das Gespräch aus *vier Abschnitten,* deren Inhalte auf unterschiedliche Aspekte Bezug nimmt. An dieser Stelle ist der *dritten Schwerpunkt* hervorzuheben, der sich auf das *Potenzial der Mitarbeiter* und die unterstützenden Maßnahmen konzentriert.

Zusammenfassend kann gesagt werden, dass das Mitarbeitergespräch den Rahmen für die Kommunikation zwischen Vorgesetzten und Mitarbeiter über vergangenes Leistungsverhalten, über aktuelle Weiterbildungsbedarfe und künftige Entwicklungsmöglichkeiten bildet. *Das Mitarbeitergespräch kann wertvolle Informationen zur Bildungsbedarfsanalyse liefern, wenn das Verfahren sorgfältig gestaltet, vorbereitet und durchgeführt wird.*

Der knappe Arbeitsmarkt erfordert in Zukunft eine bessere Ausschöpfung des Mitarbeiterpotenzials und von daher gewinnt dieses Instrument an Bedeutung. Allerdings wird dieses Instrument nur in Kombination mit anderen Instrumenten umfassende Informationen zum Bildungsbedarf des Unternehmens liefern können.

---

[235] Becker, M. (1999), S. 142.
[236] Becker, M. (2002), S. 327.
[237] Vgl. Becker, M. (2002), S. 348.

3.8.6 Assessment-Center

Das Assessment-Center Verfahren wurde im ersten Weltkrieg für die Auswahl der Offiziere entwickelt. In den 60er Jahren beginnt der Einsatz des Verfahrens zur Auswahl der Führungskräfte in Unternehmen. Heute ist es das verbreiteste *Auswahlverfahren* von geeigneten Kandidaten für Lehrstellen, Spezialisten und auch für das Top Management.

Becker definiert *Assessment-Center* wie folgt:

> *„Das Assessment-Center (AC) ist ein weiteres eignungsdiagnostisches Verfahren. Es dient dazu, die Erfolgswahrscheinlichkeit der Eignung für bestimmte Tätigkeiten (Sachbearbeitung, Management) zu messen und zu bewerten. Ein AC soll feststellen, welche Fähigkeiten, Fertigkeiten und Einstellungen ein Proband besitzt."*[238]

Das Verfahren basiert auf einer *Vielzahl von Aufgaben bzw. Übungen* und dauert von einem bis zu drei Tage. Die Übungen lassen vor allem folgende *Kompetenzen* der Kandidaten deutlich werden:

- Probleme zu identifizieren und zu lösen;
- Prioritäten zu setzen;
- Entscheidungen zu treffen;
- Unternehmerisches Denken;
- Kooperationsfähigkeit;
- Teamfähigkeit u.a.

Jeserisch betont, dass die normale *Zielsetzung* der üblichen Assessment-Center neben dem *Selektionsaspekt* auch den *Personalförderungsaspekt* beinhaltet. Dies bestätigt sich in der Praxis.

Die *Haupteinsatzgebiete der Methode* in der Praxis werden von **Ulrich** dargestellt:

- Auswahl von externen und internen Bewerbern;
- Potenzialfeststellung für Führungsaufgaben oder andere höherwertige Arbeitsplätze;
- Ermittlung des Entwicklungs- und Aus-/Weiterbildungsbedarfs;
- Förderung von Führungs- und Führungsnachwuchskräften.[239]

---

[238] Becker, M. (2002), S. 277f.
[239] Vgl. Ullrich, G. A. (1989), S. 303.

Jeserisch verweist darauf, dass erst in den letzten Jahren die *Analyse von Potenzial* und *individuellen Entwicklungsnotwendigkeiten* der vorhandenen Nachwuchskräfte an Bedeutung (Entwicklungs- oder Förderseminare) gewinnt.[240] Hierzu führt der Autor aus:

> *„In der Praxis kommen meist Kombinationen zum Zuge mit unterschiedlichen Schwerpunkten.*
> *Der Trend geht jedoch dahin, die Assessment-Center in erster Linie unter diesem Entwick-*
> *lungsgesichtspunkt zu sehen, weshalb „der Arbeitskreis Assessment-Center" empfohlen hat,*
> *den Ausdruck „Assessment-Center" im deutschen Sprachgebrauch mit Personalentwicklungs-*
> *seminar zu übersetzen. "[241]*

Sarges hat sogar eine *neue Variante der Methode* vorgeschlagen und den Begriff „Lernpo-tenzial-Assessment-Center" geprägt.[242]

Es ist offensichtlich, dass es in den simulierten *praxisnahen Situationen* nicht nur möglich ist, die zukünftigen Mitarbeiter mit passenden Kompetenzen auszulesen, sondern auch die eventuell fehlenden Kompetenzen der Mitarbeiter herauszukristallisieren. **Wunderer** und **Schlagenhaufer** betonen, dass in einem Förder-Assessment-Center Aus- und Weiterbildungsbedarf festgestellt werden kann.[243] Es ist hervorzuheben, dass es nicht nur die Feststellung der Defizite, sondern auch die Aufdeckung der Potenziale der Mitarbeiter von Bedeutung ist. Laut **Jeserisch** ist das Assessment-Center die *valideste Möglichkeit Potenzial zu beurteilen.*[244]

Für bereits vorhandene Mitarbeiter wird das Verfahren zum *Development-Center* modifiziert. Die Einsatzmöglichkeit ergibt sich im Zuge der notwendigen Besetzung offener Stellen, insbesondere für die *höheren Ebenen*, um Kandidaten auszulesen und auf die Positionen vorzubereiten. In der Zeit der Internationalisierung der Unternehmen gewinnt auch das Development-Center für die Auswahl bei der *Entsendung der Mitarbeiter* an Bedeutung. **Lohff** schreibt:

> *„Bei der Durchführung internationaler Assessment- und Development-Center liegt der*
> *Schwerpunkt – noch deutlicher als sich dies im nationalen Bereich abzuzeichnen beginnt – auf*
> *dem Entwicklungsaspekt. Das Ergebnis besteht für nahezu alle Teilnehmer in einem Profil ih-*
> *rer Stärken und Defizite in Bezug auf eine Reihe von Management-Kompetenzen sowie in ei-*
> *nem individuellen Entwicklungsplan. "[245]*

---

[240] Vgl. Jeserisch, W. (1981), S. 36.
[241] Jeserisch, W. (1981b), S. 4.
[242] Vgl. Sarges, W. (1996).
[243] Vgl. Wunderer, R./Schlagenhaufer, P. (1994), S. 68.
[244] Vgl. Jeserisch, W. (1989), S. 191.
[245] Lohff, A. (1996), S. 206.

Hierbei unterscheidet Autor *zwei Ziele:*

* Identifizierung von Managern mit dem Potenzial eine Executive-Position zu übernehmen;
* Erstellung eines individuellen Entwicklungsplans für alle Teilnehmer.[246]

Die Erstellung der *Entwicklungspläne* scheint als besonderer Ausgangspunkt für die bedarfsgerechte, zielorientierte Weiterbildung. Das ermöglicht wiederum eine langfristige Planung der betrieblichen Weiterbildung. Darauf wird an späterer Stelle eingegangen.

Die Assessment-Center Methode steht in jeder ihrer Ausprägungen im Zusammenhang mit der Personalentwicklung und somit im Zusammenhang mit der betrieblichen Weiterbildung. Von daher erscheint es besonders reizvoll, diese Methode im Rahmen der Bildungsbedarfsanalyse zu nutzen. Der Einsatz ist sicherlich mit erhöhtem Kostenaufwand im Vergleich zu anderen Instrumenten verbunden.

3.8.7 Anforderungsanalyse

Mit Hilfe dieses Instrumentes können genauere Erkenntnisse über aktuelle und zukünftige Arbeits-, Tätigkeits- und Kompetenzanforderungen am Arbeitsplatz unter Berücksichtigung der Mitarbeitermotivation gewonnen werden.[247] Dies beinhaltet die *Erstellung der Anforderungs-/Kompetenzprofile.*

Döring et al. schlagen ein *5-Phasen-Modell* zur Erstellung solcher Profile vor, die mit der Phase der Bedarfanalyse abschließt:

1. Feststellung der Anforderungen;
2. Erstellung der Soll-Profile;
3. Ermittlung der Ist-Profile;
4. Sicherung der Motivation;
5. Ableitung der Handlungsbedarfe.[248]

---

[246] Vgl. Lohff, A. (1996), S. 206.
[247] Döring, O./Geldermann, B./Rätzel, D./Seifert, M./Löffelmann, S./Forster, U. (2007), S. 32.
[248] Vgl. Döring, O./Geldermann, B./Rätzel, D./Seifert, M./Löffelmann, S./Forster, U. (2007), S. 32.

In der *ersten Phase* werden die konkreten Tätigkeiten, Funktionen oder auch Situationen ausgewählt, für welche die *Anforderungen* zu bestimmen sind. Es handelt sich entweder um bereits vorhandene oder geplante Stellen bzw. Funktionen. Es sollten nicht mehr als 15 Anforderungsmerkmale ausgewählt werden, die für die Funktion oder Tätigkeit repräsentativ, erfolgsrelevant, verhaltensorientiert und beobachtbar sind.[249] Döring et al. empfehlen, fachlich kompetente Personen einzubeziehen, die über entsprechendes Know-how bei der Ermittlung der Anforderungen verfügen.

Lang macht ratsame Anmerkungen zu dieser Vorgehensweise:

> *„Sind die Anforderungsprofile für mehrere Positionen in einem Unternehmen gleich, so können diese zu einem Berufsbild (z. B. Kundenberater, Assistent etc.) komprimiert werden. Der Vorteil liegt darin, dass nicht für jede Position ein eigenes Anforderungsprofil erstellt werden muss, sondern dass die Mitarbeiter mit deckungsgleichen Anforderungen dem entsprechenden Berufsbild zugeordnet werden können."*[250]

In der *zweiten Phase* werden *Soll-Profile* erstellt. Dabei werden ausgewählten Anforderungsmerkmale in drei bis fünf eindeutige Ausprägungen unterteilt, zu denen genaue Maßstäbe definiert werden (zum Beispiel, was beinhaltet gute oder Grundkenntnisse). In der Regel wird anschließend ein Formular erstellt.

In der *dritten Phase* werden *Ist-Profile* der Mitarbeiter erstellt, in denen vorhandene Kenntnisse, Erfahrungen, Fähigkeiten und Fertigkeiten erfasst werden. Die Mitarbeiter bewerten sich selbst oder werden durch den direkten Vorgesetzten beurteilt. Döring et al. wiesen darauf hin, dass diese Beurteilung sich in der Praxis als Kombination von Eigen- und Fremdbeurteilung durchgesetzt hat.[251] Darauf folgend findet ein Vergleich zwischen den Soll- und Ist-Profilen statt.

Die *vierte Phase* beinhaltet die *Sicherung der Motivation* der Mitarbeiter. Es gilt, sich über die Interessen und Ziele der Mitarbeiter hinsichtlich Arbeitsinhalten, Weiterqualifizierung zu informieren. Die Veränderungsbereitschaft der Mitarbeiter ist von großer Bedeutung. In der *letzten Phase* werden die *Bildungsbedarfe* aus dem Vergleich der Ist-Soll-Profile abgeleitet. Die Abweichungen in den Ist-Soll-Profilen markieren Handlungsbedarf.

---

[249] Döring, O./Geldermann, B./Rätzel, D./Seifert, M./Löffelmann, S./Forster, U. (2007), S. 32.
[250] Lang, K. (2000), S. 34.
[251] Vgl. Döring, O./Geldermann, B./Rätzel, D./Seifert, M./Löffelmann, S./Forster, U. (2007), S. 33.

Es lassen sich laut **Meier** *Bedarfsprofile für bestimmte Zielgruppen oder sogar Gruppenbedarf von Teams* entwickeln.[252] Diese bilden dann die Grundlage der Entwicklung von Bildungsmaßnahmen. Für die Erstellung der Bedarfsprofile für Zielgruppen empfiehlt Meier zwei Varianten: entweder Profile zum Ausfüllen oder Profile zum Ankreuzen. Die Führungskräfte im Unternehmen sind zum Beispiel eine Zielgruppe. Er warnt jedoch von der Gefahr alle Personen einer Zielgrippe ohne individuelle Bedarfsanalyse zu schulen. Darüber hinaus ist es ganz wichtig mit den Zielgruppen in den *Dialog* zu treten.

Die Anforderungsanalyse und die Erstellung der Profile ist ein verbreitetes Instrument zur Ermittlung des Weiterbildungsbedarfs in der Praxis und hat sich als Handlungsanleitung für die Führungskräfte und die Mitarbeiter der Bildungsarbeit bewährt. Das Instrument zeichnet sich auf der einen Seite durch seine relativ einfache Handhabung, auf der anderen Seite durch eine relativ komplexe inhaltliche Struktur aus. Es ist anzunehmen, dass die Erstellung der Profile für die Stellen und Funktionen nur dann möglich ist, wenn die Anforderungen des Unternehmens klar definiert sind. Daher ist das Instrument in Verbindung mit anderen Instrumenten einzusetzen. Außerdem sollen die erarbeiteten Profile nicht statisch betrachtet werden, sondern dynamisch, d. h. sie müssen im Laufe der Zeit überprüft und im gegeben Fall modifiziert oder ergänzt werden. Die aktuellen und die zukünftigen Anforderungen sollen bei der Erstellung der Profile in gleichem Maß berücksichtigt werden.

3.8.8 Arbeitsplatzanalyse

Die betriebliche Personalarbeit basiert auf organisatorischen Regelungen. Die Zuteilung der Aufgaben auf die einzelnen Stellen (Arbeitsplätze) wird durch Organisations- und Stellenpläne, Stellenbesetzungspläne und Stellenbeschreibungen geregelt.[253] Die Personalentwicklung ist ohne diese Instrumente nicht möglich.

Mentzel stellt fest, das die endgültige Aufgabenverteilung in Stellenbeschreibungen dargestellt wird.[254] Somit ist sie eine wertvolle *Informationsquelle für die betriebliche Bildungsarbeit*, da sie die Aufgaben und Anforderungen an den Stelleninhaber enthält.

---

[252] Vgl. Meier, R. (2005), S. 111.
[253] Mentzel, W. (2005), S. 35f.
[254] Mentzel, W. (2005), S. 37.

Leiter et al. bestärken diese Aussage:

„Durch eine Stellenbeschreibung werden Aufgabengebiete, Kompetenzen und Verantwortung festgelegt und abgegrenzt. "[255]

Döhring et al. greifen diesen Gedanken auf und sprechen von der *Arbeitsplatzanalyse als Instrument* im Rahmen der Bildungsbedarfsanalyse. Dieses Instrument wird angewendet, um Informationen über einen Arbeitsplatz zu erhalten, damit Mitarbeiter gezielt für die entsprechenden Anforderungen qualifiziert werden können.[256] Den Autoren zufolge beschäftigt sich die Analyse mit *drei Fragen:*

- Klärung der Arbeitsschritte;
- Klärung der Fragen zur Informationsbeschaffung;
- Klärung der Fragen zur Zusammenarbeit.[257]

Somit ermittelt die Arbeitsplatzanalyse das Wissen, die Fähigkeiten und Ressourcen, die an den zu besetzenden Arbeitsplatz gelegt sind. Im Idealfall liegt der Fokus nicht nur auf den derzeitigen sondern auch auf den zukünftigen Anforderungen.

Es lassen sich folgende Fragen ableiten:

- Was sind die Ziele der Arbeitsstelle?
- Was sind die Kernaufgaben dieser Arbeitsstelle?
- Welche zusätzlichen Aufgaben fallen an?
- Mit welchen weiteren Bereichen ist diese Stelle verknüpft?
- Mit wem wird auf welche Weise zusammengearbeitet?
- Welche Informationen werden bei der Arbeit benötigt?
- Woran wird die erfolgreiche Aufgabenerledigung an dieser Stelle erkannt?
- Welche Fachkenntnisse und Fertigkeiten sind erforderlich?
- Welche physischen und psychischen Anforderungen treten auf?
- Welche Kompetenzen sind erforderlich?
- Welche Stärken und Ressourcen werden an dieser Stelle in zwei bis vier Jahren benötigt?

---

[255] Leiter, R./Runge, Th./Burschik, R./Grausam, G. (1982), S. 56.
[256] Döhring, O./Geldermann, B./Rätzel, D./Seifert, M./Löffelmann, S./Forster, U. (2007), S. 30.
[257] Vgl. Döhring, O./Geldermann, B./Rätzel, D./Seifert, M./Löffelmann, S./Forster, U. (2007), S. 30.

Die Arbeitsplatzanalyse gibt Auskunft über die Anforderungen, die an den Arbeitsplatzinhaber gestellt werden. Der *Vorteil* dieses Instruments liegt darin, dass sie **unabhängig vom einen Stelleninhaber** durchgeführt wird. Auf diese Weise entsteht ein Anforderungsprofil für jeden Arbeitsplatz, aus dem über einen Vergleich mit den Mitarbeiterpotentialen ein möglicher Qualifizierungsbedarf ermittelt werden kann. Somit stellt die Arbeitsplatzanalyse zweifellos einen wichtigen Ausgangspunkt sowohl für die Personalgewinnung wie auch zur Planung von Weiterbildungsmaßnahmen dar.

3.8.9   Kooperative Bildungsbedarfsanalyse

Dieses Kapitel reflektiert die Umsetzung eines weiteren Instrumentes zur Ermittlung des Bildungsbedarfs. Es handelt sich um die kooperative Bildungsbedarfanalyse. Somit wird noch eine Möglichkeit und Perspektive aufgezeigt, die **weder personenbezogen noch platzbezogen** verhaftet ist.

Dabei werden **mehrere Ebenen des Unternehmens** in die Bedarfsanalyse einbezogen, um die gesamten fachlichen und die betriebsinternen Kenntnisse im Hinblick auf die Gewinnung neuer **Erkenntnisse über die Defizite oder Potenziale** zu nutzen. So schreiben **Döhring et al.**:

> *„Je systematischer und zielgerichteter die Befragung in den Unternehmen ist und je mehr Ansprechpartner aus unterschiedlichen Unternehmensebenen einbezogen werden, umso verlässsiger sind die Ergebnisse der kooperativen Bildungsbedarfsanalyse. "[258]*

Faulstich befürwortet ebenso kommunikative Verfahren der Bildungsbedarfsanalyse mit der Begründung, dass „die Weiterbildungsentwicklung dichter an Probleme der Unternehmensentwicklung gebunden wird".[259] So plädiert er für **spezifische Workshops** unter Beteiligung von Vertretern der Fachabteilungen, der Betriebsräte, der Beschäftigten und der Personalabteilung. So gesehen ermöglich die Vielfalt der Perspektiven eine ganzheitliche Betrachtung eines Ist-Zustands und reduziert deren einseitige Untersuchung.

Müller und **Stürzl** sprechen von der „dialogischen Bildungsbedarfsanalyse" und stellen das Tableau eines Workshops für eine Bildungsbedarfsanalyse vor. Allerdings wird die Eignung dieses Instrumentes von Autoren etwas beschränkt.

---

[258] Döhring, O./Geldermann, B./Rätzel, D./Seifert, M./Löffelmann, S./Forster, U. (2007), S. 22.
[259] Faulstich, P. (1998), S. 117.

„Er eignet sich immer dann, wenn der Bildungsbedarf einer Lerngruppe für verschiedene Fachgebiete oder bestimmte Teilqualifikationen bestimmt werden soll, die vom Ist-Leistungs-stand der Lerner so weit entfern ist, dass dazu die Entwicklung eines eigenen Curriculums, (z. B. für ein mehrtätiges Weiterbildungsseminar oder in Form mehrere Seminarbausteine) notwendig ist. "[260]

Tableau eines BBA-Workshops

1. ***Zukunftsanalyse und Prognose der Anforderungen im betrachteten Tätigkeitsfeld***
   (Wohin geht die Entwicklung?)
   * Input: Unternehmensziele, Geschäftspolitik
   * Was bedeutet das für die Bildungsarbeit?
   * Was bedeutet diese Entwicklung für den einzelnen Arbeitnehmer?

2. ***Bestandaufnahme (Wo stehen wir heute)***
   * Welche Probleme haben wir derzeit?
   * Tun wir die richtigen Dinge?
   * Tun wir die Dinge richtig?
   * Wie entstanden diese Probleme? (Entwicklungslinien aus der Vergangenheit)
   * Wo stehen wir in den relevanten Themen?

3. ***Zielformulierung (Wo wollen wir hin?)***
   Visualisierung und Konkretisierung der Erfolgsvision (= Erfolgszustand)
   * Was ist dann anders an unserer Arbeitssituation?
   * Welche Aufgaben bearbeiten wir dann?
   * Wie verändert sich dann meine Rolle?
   * Wie arbeiten wir dann miteinander?
   * Wie reden wir mit einander?

4. ***Kraftfeldanalyse (Welche Widerstände müssen wir überwinden?)***
   * Was hemmt die Realisierung einer optimalen Lösung?
   * Wo liegen die Ursachen dafür?
   * Was ist für uns das Gute an der bisherigen Situation? (=subjektive Gewinne)
   * Wie, durch welches Verhalten sabotieren wir uns?
   * Was sind wir bereit „aufzugeben", d. h. als Pries für die gewünschten Veränderungen zu zahlen?
   * Welche Faktoren fördern die Realisierung der optimalen Situation?
   * Wie können diese verstärkt werden?

5. ***Maßnahmeplanung (Was muss noch getan werden?)***
   Differenzbildung: Bildungsbedarf konkretisieren und eingrenzen:
   * Welche konkreten Aufgaben/Probleme müssen mit welchen beobachtbaren Ergebnissen gelöst werden?
   * Welche Maßnahmen müssen im Einzelnen ergriffen werden?
   * Wer ist bis wann und mit wem verantwortlich für welche Maßnahmen und welche Ergebnisse?

Abb. 38: Tableau eines BBA-Workshops
Quelle: Müller/Stürzl (1992, S. 132f)

---

[260] Müller, H.-J./Stürzl, W. (1992), S. 131.

Diese Position gibt eine neue Anregung für den Einsatz des Instrumentes und sie ist sicherlich reizvoll für die Entwicklung der bedarfsorientierten, gruppenspezifischen Weiterbildungsmaßnahmen. Andere Möglichkeiten sind jedoch nicht ausgeschlossen. **Meier** schlägt vor, *Workshops zur Bedarfermittlung* durchzuführen. Demnach können sie drei verschiedene *Funktionen* übernehmen:

- Alternative zu Befragungen;
- Ergänzung zu Fragebögen;
- Hilfe bei der Auswertung von Fragebögen.[261]

Meier verweist auf einen *Nachteil* dieses Instrumentes, der mit großem *Aufwand* sowohl für die Durchführung wie auch für die Auswertung der Ergebnisse verbunden ist. Darüber hinaus empfiehlt er, nicht auf die professionelle Moderation solcher Workshops zu verzichten.

Generell lässt sich erkennen, dass diese Methode viel Bewegung hat und vieles in Bewegung bringen kann. Die Weiterbildungsbedarfe oder -wünsche werden hinterfragt und stärker als mit Hilfe anderer Instrumente analysiert. Daher ist dieses Instrument im Rahmen der strategischen Bildungsbedarfsanalyse von Bedeutung. Allerdings beruht ihr Einsatz auf der gewachsenen und vertrauensvollen *Unternehmenskultur* im Unternehmen.

3.8.10 Schlussbemerkungen zu den Instrumenten der Bedarfsanalyse

In diesem Buch wurden ausgewählte Instrumente zur Ermittlung des Bildungsbedarfs auf der Basis einer umfassenden Literaturrecherche untersucht und dargestellt. Es besteht kein Anspruch auf Vollständigkeit der Darstellung. Die dargestellten Instrumente lassen sich in strategische oder operative sowie zur Ist-Ermittlung und Soll-Ermittlung unterscheiden. Die nachstehende Abbildung 39 unternimmt dem Versuch, diese Unterscheidung zu visualisieren.

Viele dieser Instrumente bieten Anregungen, Lösungsvorschläge, ersetzen allerdings nicht die Erarbeitung individueller Instrumente und Vorgehensweise für jedes einzelne Unternehmen. Modifikation, Anpassung und Erweiterung ergeben sich immer aus den betrieblichen Besonderheiten, Zielen und Interessen.

---

[261] Meier, R. (2005), S. 96.

	Soll-Ermittlung	Ist-Ermittlung
strategisch	• Szenario-Technik • Delphi-Methode • Experten-Interview	• Stärken-Schwäche-Analyse • Portfolio-Analyse • Analyse betrieblicher Infor- mationsmaterialien
operativ	• Arbeitsplatzanalyse • Anforderungsanalyse • Analyse der Stellenanzeigen • Moderationsmethode • Workshop	• Assessment-Center • Mitarbeitergespräche • Beobachtung • Befragung der Mitarbeiter • Befragung der Vorgesetzten • Gruppendiskussion

Abb. 39: Instrumente zur Bedarfsermittlung
Quelle: Eigene Darstellung

Viele operative und in der Praxis erprobte Instrumente zeichnen sich durch relativ einfache Handhabung aus und ermöglichen es, sowohl Defizite wie auch Potenziale zu ermitteln. Es ist jedoch notwendig, sowohl die operativen wie auch die strategischen Instrumente einzusetzen und sie vor allem in Einklang zu bringen. Der Umgang mit den strategischen Instrumenten scheint kein leichter Weg zu sein, ist jedoch unabdingbar, um die Qualifikationen und Kompetenzen von morgen zu ermitteln.

Somit dient die Bedarfsanalyse der bedarfsgerechten Weiterbildung wie auch der langfristigen Planung. Dabei sind die *Entwicklungspläne* von großer Bedeutung. Deswegen soll im Rahmen dieser Arbeit diesem Aspekt nachgegangen werden.

3.9 Entwicklungspläne als langfristige Planung der betrieblichen Weiterbildung

Betriebliche Bildung wird als Personalentwicklung im engeren Sinne betrachtet. Sie hat einen hohen Stellenwert für alle Beschäftigen im Unternehmen, weil sie zur Sicherung und Entwicklung der Kompetenzen und somit zur beruflichen Entwicklung beiträgt.

Die **Planung der betrieblichen Weiterbildung** baut offenkundig auf der *Bedarfsanalyse* auf und stellt die Konkretisierung der Abdeckung des analysierten Bildungsbedarfs dar. Diese

Planung hat allerdings mehrere Anforderungen zu erfüllen: *sie muss sowohl das Interesse und die Ressourcen des Unternehmens wie auch das Interesse der Mitarbeiter beachten.* **Becker** betont, dass die betriebliche Weiterbildung als Funktion im Gesamtgefüge der betrieblichen Wertschöpfung verpflichtet ist, die Weiterbildungsaktivitäten zu realisieren, die als rationale Entscheidung eine optimale Mittelverwendung garantiert.[262] Mit dieser Meinung steht er keineswegs alleine. So setzen sich **Kellner** und **Bosch** für *persönliche Entwicklungspläne* ein, um die Ergebnisse (ROI) abzusichern und kostspielige oder überflüssige Trainingsaktivitäten auszuschalten.[263]

Es ist anzunehmen, dass es sich bei den Entwicklungsplänen nicht primär um ein Kosten-Controlling handelt, sondern um ein *Instrument der systematischen Kompetenzentwicklung* und ein *Instrument der Motivationspolitik.* So spricht **Mentzel** von der *Laufbahnplanung als individuelle Entwicklungsplanung,* die weitere berufliche Entwicklung eines Mitarbeiters für einen künftigen Zeitraum festlegt.[264] Die Laufbahnplanung legt fest, welche Positionen ein Mitarbeiter im Laufe seiner weiteren beruflichen Entwicklung noch einnehmen kann und welche qualifizierenden Maßnahmen dazu erforderlich sind.[265]

Auch **Kellner** und **Bosch** verweisen auf die *berufliche Entwicklung,* die in einem Plan festzulegen ist:

> *„In einem persönlichen Entwicklungsplan ist genau festgelegt, welche Kompetenzen der Mitarbeiter steigern muss und welche Maßnahmen ihn zum Ziel führen."*[266]

Ergänzend hierzu führen die beide Autoren aus:

> *„Dieser individuelle Ansatz berücksichtigt auch die Lernsituation des Einzelnen. Faktoren wie Lernfähigkeit, Lernmotivation, Lernbereitschaft und das Lernstadium, in dem sich der Teilnehmer gegenwärtig befindet, werden in einem sorgfältigen ausgearbeiteten persönlichen Entwicklungsplan ebenso erfasst wie sein derzeitiges Kompetenzprofil. Um eine Analogie aus der Medizin zu benutzen: Patienten mit gleichen gesundheitlichen Problemen können mit den gleichen Mittel therapiert werden aber erst dann, wenn eine sorgfältige individuelle Diagnose gestellt wurde."*[267]

---

[262] Vgl. Becker, M. (2002), S. 159.
[263] Vgl. Kellner, H. J./Bosch, P. A. (2004), S. 45.
[264] Vgl. Mentzel, W. (2005), S. 139.
[265] Mentzel, W. (2005), S. 140.
[266] Kellner, H. J./Bosch, P. A. (2004), S. 45.
[267] Kellner, H. J./Bosch, P. A. (2004), S. 45.

Laufbahn- und Nachfolgeplanung sind in der Regel die Instrumente der betrieblichen *Aufstiegsplanung* im Rahmen der Personalentwicklung. Und auch die Mitarbeiter sehen die Laufplanplanung als Instrument und erhoffen sich, dass ihre Vorstellungen und Wünsche über diepersönliche Entfaltung und das berufliche Fortkommen befriedigt werden können.[268] Diese Wünsche und Vorstellungen sind so unterschiedlich wie die Mitarbeiter selbst. Der Wunsch nach Aufstieg ist zum Beispiel bei den Mitarbeitern unterschiedlich ausgeprägt. Nicht alle Mitarbeiter werden im Unternehmen Wert auf Weiterentwicklung oder Aufstieg legen.

Mentzel hebt hervor, dass die Planung der Laufbahn nicht unbedingt mit einer automatischen Aufstiegsgarantie verbunden und eine systematische *Laufbahnplanung auf jeder Hierarchieebene* möglich ist.[269] Da sich die Änderungen an den Arbeitsplätzen bei keinem Mitarbeiter in der Zeit der rasanten technologische Entwicklung vermeiden lassen, werden diese Mitarbeiter nicht aus der beruflichen Weiterbildung ausgeschlossen. Für solche Mitarbeiter empfiehlt Mentzel, die Maßnahmen der Personalentwicklung auf eine regelmäßige Anpassung der Qualifikationen an die neuen technologischen Gegebenheiten zu reduzieren.[270] Lediglich die Planung der weiteren Laufbahn entfällt für diese Mitarbeiter.

Dehnbostel et al. betonen die Notwendigkeit der *arbeitnehmerorientierten Weiterbildung* aus anderer Perspektive:

> *„Der Begleitung und Beratung beruflicher Entwicklungen kommt angesichts des Wandels herkömmlicher betrieblicher Berufswege und der zunehmenden Komplexität und Fragilität des Arbeitsmarktes eine verstärkte Bedeutung zu. Brüche, Umbrüche und Neuorientierungen prägen zunehmend die Arbeitsbiografien der Beschäftigten. Die Notwendigkeit lebenslangen Lernens gestaltet sich auf der individuellen Ebene zu einem iterativen Prozess der Selbstvergewisserung und Neuausrichtung beruflicher Entwicklung.“[271]*

Der Entwicklungsplan dient per se der persönlichen Entwicklung der Mitarbeiter und ermöglicht eine langfristige Planung der betrieblichen Weiterbildung. Durch den Aufbau und die Pflege solcher Pläne für alle Mitarbeiter entsteht ein sehr wertvolles Informationssystem über Potenziale der Mitarbeiter.

---

[268] Vgl. Mentzel, W. (2005), S. 141.
[269] Vgl. Mentzel, W. (2005), S. 140.
[270] Vgl. Mentzel, W. (2005), S. 141.
[271] Dehnbostel, P./Elsholz, U./Gillen, J. (2007), S. 22.

Mentzel spricht seiner Zeit gemäß von einer Personalentwicklungskartei als Instrument der Personalentwicklung:

> *„Damit bildet die Personalentwicklungskartei die Grundlage für den Vollzug der als notwendig erachteten Förder- und Bildungsmaßnahmen und wird zum zentralen Informationsinstrument der Personalentwicklung."*[272]

Nachfolgend ein Beispiel für ein Karteimusterformular nach Mentzel:

Mitarbeiterentwicklungsplan	
Ziel des Plans:	☐ Leistungsverbesserung ☐ Berufliche Entwicklung
Stärken der Mitarbeiters:	Schwächen der Mitarbeiters:
Entwicklungsziele für den Planungszeitraum:	
Entwicklungsmaßnahmen für den Planungszeitraum:	
Vorgesehene Bildungsmaßnahmen:	
Langfristige Ziele:	
Langfristige Maßnahmen/Potenzial:	

Abb. 40: Persönlicher Entwicklungsplan
Quelle: Mentzel (2005, S. 146)

---

[272] Mentzel, W. (2005), S. 60.

Dementsprechend kann dieses Instrument je nach Inhalt und Gestaltung folgenden *Zwecken* dienen:

- Überblick über die entwicklungsfähigen Mitarbeiter;
- Auswahl der zu fördernden Mitarbeiter;
- Entscheidungshilfe bei der Feststellung von Entwicklungsmaßnahmen;
- Koordination der Förder- und Bildungsmaßnahmen;
- Überwachung und Kontrollen vereinbarter Maßnahmen;
- Hilfsmittel bei der Personalzuordnung (Stellenbesetzung);
- Kostenplanung.[273]

Die Erarbeitung der Entwicklungspläne ist mit **Beratung und Begleitung** in der Weiterbildung verbunden. Begleitung ist in der Weiterbildung als längerfristige oder kontinuierliche Betreuung und Entwicklung von Lernprozessen und beruflichen Entwicklungsprozessen zu begreifen.[274] Somit heben **Gillen et al.** einen anderen Aspekt hervor: Die Entwicklungspläne tragen zur *Entwicklung der Lernprozesse* in der betrieblichen Bildung, die im Zusammenhang mit der Weiterbildungsberatung steht, bei. Personenbezogene Beratung als dritte Form der Weiterbildungsberatung kann sich entweder auf Lernprozesse (Lernberatung) oder auf komplexere Kompetenzentwicklungsprozesse (Kompetenzentwicklungsberatung) beziehen.[275]

Es lässt sich zusammenfassen: Die Entwicklungspläne sichern eine langfristige Planung der betrieblichen Weiterbildung. Sie ermöglichen eine große Transparenz über fähige Mitarbeiter. Gleichzeitig dienen sie als Beweis der Effektivität und Effizienz der Bildungsarbeit.

Sie scheinen sehr sinnvoll für die ganze Personalentwicklung im Rahmen des Bildungscontrollings zu sein. **Becker** konstatiert:

> *„Die betriebswirtschaftliche Forschung hat bis zur Gegenwart weitgehend einseitig den ökonomischen Aspekt in den Vordergrund ihrer Arbeit gestellt. Zukünftig wird es verstärkt notwendig, die Einstellungen, Ziele, Motive und Ansprüche der Menschen und ihre eigene berufliche Entwicklung zu untersuchen. Die Durchdringung der personalen, curricularen, instutionellen und organisatorischen Voraussetzung, Prozesse und Ergebnisse ist zentrales Anliegen eines wissenschaftlich fundierten, systematischen Bildungscontrollings."*[276]

---

[273] Vgl. Mentzel, W. (2005), S. 60f.
[274] Gillen, J./Dehnbostel, P./Linderkamp, R./Skroblin, J.-P. (2007), S. 99.
[275] Gillen, J./Dehnbostel, P./Linderkamp, R./Skroblin, J.-P. (2007), S. 98.
[276] Becker, M. (1999), S. 407.

3.10 Widerstand und Akzeptanz bei der Bedarfsanalyse

Die Bildungsbedarfsanalyse hat unabhängig davon, mit welchen Verfahren und Instrumenten der Bildungsbedarf ermittelt wird, *Widerstands- und Akzeptanzprobleme* zu bewältigen. So schreiben **Leiter et al.**:

> *„Aus der Sicht der Betroffenen stellt der Bildungsbedarfsspezialist oder Analytiker bestehende Strukturen, Denkweisen, Normen und soziale Verhältnisse in Frage. Dieses kann von den Betroffenen als Angriff auf ihr gegenwärtiges Tun empfunden werden, den sie konsequenterweise versuchen abzublocken. Sie können auch ihre äußere Sicherheit bedroht sehen, da sie implizit vermuten, Fehler gemacht zu haben, denn sonst wäre ja keine Analyse notwendig."*[277]

Die Widerstände gegen die Bedarfsanalyse können in vielfältiger Form, zu verschiedenen *Zeitpunkten*, bei *verschiedenen Gruppen* und bei *verschiedenen Personen* auftreten. Leiter et al. machen darauf aufmerksam, dass die häufigste Form des Widerstands die *Ablehnung* mitzuarbeiten ist bzw. die *Weigerung*, in der geforderten Form mitzuarbeiten.[278] Daraus folgend hängt der Erfolg der Bedarfsanalyse im großen Maß von der Kooperation mehrerer Akteure im Unternehmen ab.

Darüber hinaus ist die Bedeutung der *Professionalität der verantwortlichen Mitarbeiter* für die Bedarfsanalyse, die diesen Prozess berufen und begleiten, hervorzuheben. Diese Überlegung wird von Leiter et al. voll unterstrichen:

> *„Von der Art und Weise, wie der Bedarfsanalytiker vorgeht, hängt aber auch ab, ob später Widerstand oder Akzeptanz vorherrschen."*[279]

Die Autoren[280] verweisen auf mögliche *Faktoren der Akzeptanz oder des Widerstands* bei der Bedarfsanalyse:

- Persönliche Faktoren;
- Soziales Umfeld;
- Organisationsstruktur;
- Präsentation der Handhabung;
- Einfachheit der Handhabung;
- Resultierender Nutzen.

---

[277] Leiter, R. (1982), S. 264.
[278] Vgl. Leiter, R. (1982), S. 265.
[279] Leiter, R. (1982), S. 261.
[280] Vgl. Leiter, R. (1982), S. 266.

Es stellen sich die Fragen, wie mit Widerständen umgegangen und wie die Akzeptanz für den Prozess der Bedarfsanalyse gewonnen werden kann. Die Bildungsbedarfsanalyse und das Lernen stehen immer im Zusammenhang mit Veränderungen. Daher ist eine mögliche Antwort auf diese Frage bei den Organisationsentwicklungstheorien (Organisationsentwicklung ist per se ein Veränderungsprozess) zu finden.

Auf das populärste *Phasenschema eines Veränderungsprozesses* von **Lewin** macht **Comelli** in seinem Buch „Training als Beitrag zur Organisationsentwicklung" aufmerksam und stellt das *Modell* wie folgt vor:

- *„Auftauen* (unfreezing) des bestehenden Gleichgewichtes, d. h.: In-Frage-Stellen des herrschenden Zustandes, Wecken der Bereitschaft für und der Motivation zur Veränderung.
- *Verändern* (move), d. h.: Bewegung und Aktivitäten initiieren, die zum angestrebten Zustand hinführen, sowie Entwickeln von neuen (Verhaltens-) Mustern.
- *Einfrieren* (refreezing), d. h.: Herstellung und Stabilisierung des neuen Gleichgewichteszustandes, Verstärkung und Stützung der angestrebten (Verhaltens-) Muster, Einbindung in einen sicheren und festen Bezugsrahmen."[281]

Darüber hinaus empfiehlt Comelli zwischen den Antriebskräften (die auf einen neuen Zustand hindrängen) und den Hemmkräften (die der Veränderung entgegenrichtet sind und die es zu überwinden gilt) zu unterscheiden.[282]

All diese Phasen sind nicht nur für die Bedarfsanalyse plausibel sondern auch für die ganze Bildungsarbeit im Unternehmen.

3.11 Quintessenz und Thesen zur Bedarfsanalyse

Es bleibt unbestritten, dass die Ermittlung vom Bildungsbedarf im Rahmen der betrieblichen Weiterbildung von Bedeutung ist. Aus den vorausgehend dargestellten Überlegungen und Untersuchungen ergibt sich folgende *Quintessenz zur Bedarfsanalyse:*

---

[281] Comelli, G. (1985), S. 97.
[282] Vgl. Comelli, G. (1985), S. 97.

100

- Es kann damit genau ermittelt werden, *ob überhaupt* bzw. *welcher Bedarf* an Weiterbildung besteht.

- Dadurch wird vermieden, dass z. B. Veranstaltungen besucht werden, die nicht dem Bedarf des Unternehmens und den Mitarbeitern entsprechen. Dies *spart Kosten*, genauso wichtig ist aber, dass dadurch auch eine *Demotivation* hinsichtlich weiterer Lernvorhaben *verhindert* werden kann.

- Durch eine vorhergehende Bedarfserhebung können Veranstaltungsinhalte und Materialien *„maßgeschneidert"* werden.

- Trainer, insbesondere wenn sie Externe sind – können sich somit besser auf die *Zielgruppe* vorbereiten und einstellen.

- Je bedarfsgerechter weitergebildet wird, desto umfassender wird auch die *Umsetzung* des Gelernten am Arbeitsplatz ausfallen (die Thematik der Lerntransferförderung wird in einem eigenen Instrument behandelt).

Darüber hinaus werden zur Bedarfsanalyse folgende Thesen formuliert:

- Bedarfsanalyse ist ein zentrales Element des Bildungscontrollings. Sie spielt eine zentrale Rolle in der Personalentwicklung. Die Personalentwicklung ist auf die Bedarfsanalyse angewiesen.

- Die Bildungsbedarfsanalyse zahlt sich aus. Sie ermöglicht die Planung und Gestaltung der Bildungsmaßnahmen und bietet Evaluationskriterien an.

- Die Bildungsbedarfsanalyse ist der Legitimator für die betriebliche Weiterbildungsarbeit.

- Es sind zahlreiche Methoden, Instrumente und Verfahren zur Bedarfsanalyse vorhanden, die sich sowohl auf der strategischen Ebene wie auch auf der operativen Ebene anwenden lassen.

- Der Bedarfsanalyse sind verschiedene Betrachtungsperspektiven immanent und es ist notwendig diese Perspektiven wahrzunehmen und laufend zu wechseln.

- Um die exakte Weiterbildungsbedarfe zu ermitteln, ist es unabdingbar, alle Ebenen des Unternehmens einzubeziehen. Der Erfolg wird jedoch nicht durch den Prozess des Einbeziehens gesichert, sondern wenn alle Akteur ihre Aufgaben kennen und erfüllen.

Viele Überlegungen sind zwar theoretisch interessant, dürften allerdings häufig mit praktischen Erwägungen (z. B. Zeit und Kosten) oder anderen Faktoren kollidieren.

4. Bedarfsanalyse aus der Vogelperspektive

4.1 Konzept: Entwicklung und Hinweise zur Umsetzung

In der Literatur werden verschiedene Verfahren und Methoden zur Ermittlung des Bildungsbedarfs aufgezeigt. Einige Instrumente sind empirisch untersucht und haben sich als praxistauglich erwiesen. Allerdings handelt es sich in der Regel um direkte Methoden wie Mitarbeitergespräch, Potenzialanalyse, Assessment-Center usw. Indirekte Methoden werden dagegen in der Praxis vernachlässigt. Der Grund hierfür liegt in der postulierten Botschaft der Theoretiker und vermutlich nicht in ausgewerteten Erfahrungen zur Erprobung der Methoden in der Praxis. Deswegen soll hier ein Versuch unternommen werden, ein Konzept, dem eine indirekte Methode zugrunde liegt, zu entwickeln und gleichzeitig auf seine *Einsatzmöglichkeiten* und *Effektivität* zu überprüfen.

Konzeptumriss

Das Konzept stellt einerseits eine indirekte Methode dar, setzt andererseits aber auch bezüglich dieser Methoden andere Akzente. Es handelt sich um eine ***Analyse der Tätigkeitsfelder und Prozesse der Fachabteilungen aus der Vogelperspektive.*** Somit hat das Konzept die Belange der Fachabteilungen im Blick und nicht nur die Zahlen und Fakten des gesamten Unternehmens, die bei der Umsetzung einer indirekten Methode im Vordergrund stehen. Die Betrachtung einzelner *übergreifender Indikatoren* (z. B. strategische Ziele des Unternehmens, demografischer Wandel) ist dabei nicht ausgeschlossen, sondern sogar notwendig. Diese Daten werden hierbei jedoch zur Ergänzung ermittelt und zur Bestärkung der Prognosen und/oder Aussagen angewandt.

Die nachstehende Tabelle 4 veranschaulicht die Betrachtung der einzelnen *Indikatoren* (z. B. Krankheitsquote, Ausschussquote in der Fertigung, Kundenzufriedenheit) aus der Vogelperspektive, die für die Ermittlung der Weiterbildungsbedarfe bzw. der Tendenzen der Weiterbildung im Unternehmen von Bedeutung sind. Diese sind unterschiedlichen Perspektivitäten (strategische Ziele, Kunden, Mitarbeiter, etc.) zugeordnet. Der Grund dafür ist eine bessere Übersicht, die sich sogar mit der eventuell im Unternehmen vorhandene Balanced Scorecard (BSC) verknüpfen lässt.

Strategien Ziele	Strategische Ziele	Image des Unternehmens in der Öffentlichkeit	Öffentlichkeitsarbeit	PR
Mitarbeiter	Mitarbeitermotivation Mitarbeiterzufriedenheit	Krankheitsquote Unfallhäufigkeit	Fluktuationsquote Stand der Überstunden	Frauenanteil Anteil der ausländischen Mitarbeiter
Kunden	Marktsegment (Inland, Ausland) Exportanteil	Vetrieb/ Service: • Produktsschulung • Reaktionszeit • Lieferung, • Serviceangebot	Kundenzufriedenheit (Kundenumfrage)	Reklamationsquote Behandlung von Beschwerden
Interne Prozesse	F&E: • Zahl der Innovationen, Patente, Lizenzen • Entwicklungszeit Produktion: • Ausschussquote • ...	Weiterbildung: • Teilnehmerzahl • Seminarzahl Personalentwicklung: • Zahl der PE-Konzepte • ...	Qualitätsmanagement Vorschlagswesensbeteiligung Wissensmanagement	Projektmanagement: • Zahl • Dauer • Kosten • Abbruchsquote
Gesellschaft Umwelt	Demografischer Wandel (Altersstruktur der Mitarbeiter)	Gesetze (z. B. AGG)	Umweltanforderungen	
Veränderungen	Marktsituation	Fertigung: • neue Verfahren, Techniken, Produkte	Umstrukturierung innerhalb der Organisation	

Tab. 4: Bedarfsanalyse aus der Vogelperspektive
Quelle: Eigene Darstellung

Das Konzept bringt *Struktur in die Gesamtanalyse* der Bildungsbedarfe eines Unternehmens. Allerdings wird hier nicht die Frage beantwortet, WER was braucht, sondern WO können die Bildungsmaßnahmen einen Beitrag zur Wertschöpfung des Unternehmens durch den Ausbau und/oder die Erhaltung der Kompetenzen der Mitarbeiter leisten. Ziel ist es, aus der Vogelperspektive zuerst die *Richtung der Weiterbildung sowie die Thematiken der Weiterbildung* im Unternehmen zu ermitteln. Verbunden damit ist es auch möglich, die *Prioritäten der Maßnahmen nach Dringlichkeit* zu ermitteln.

Dieses Konzept betrachtet sich selber als eine wichtige Voraussetzung für die Ermittlung der individuellen Bedarfe, die in diesem Sinne als Froschperspektive betrachtet werden kann. Diese Darstellung ist sicherlich ausbaufähig und anpassungsfähig an die Spezifikationen jedes Unternehmens. Hierbei wird lediglich eine Grundstruktur dargestellt.

Die *Grundidee der Umsetzung* basiert auf der *Gewinnung von Informationen und Daten* durch *formelle Gespräche* in den verschiedenen Fachabteilungen des Unternehmens. In den Gesprächen soll versucht werden, die Informationen, die Daten und die Besonderheiten der Abteilungen durch die Tätigkeitsfelder und die Indikatoren der Weiterbildungsbedarfe zu ermitteln. Hierbei handelt sich um folgende *Grundfragen:*

- Was sind die Tätigkeitsfelder des Bereiches?
- Welche Aufgaben sind in diesen Tätigkeitsfeldern zu bewältigen?
- Welche Schwachstellen gibt es, die durch die unterstützenden Maßnahmen zu bewältigen sind?

Der zentrale Punkt des Konzeptes ist die *Ableitung der Bedarfe, der Trends der Weiterbildung.* Somit werden die Anforderungen an die Mitarbeiter abgeleitet und mögliche Maßnahmen analysiert. Die erfolgreiche Ableitung setzt eine *Zusammenarbeit* mit den Vertretern der Bereiche, fachspezifische Kenntnisse oder ein Verständnis dafür sowie die vollständige Erhebung der betriebsspezifischen Daten der Bereiche voraus. Dabei ist ein *analytisches und pragmatisches Vorgehen,* das auf vielen Kompetenzen basiert, von großer Bedeutung. Es sind kommunikative, analytische Kompetenzen wie auch unternehmerisches Denken erforderlich. Ebenso spielt die Unternehmnskultur, die vorhandene Art der Kommunikation im Unternehmen, eine große Rolle. Viele Ergebnisse können aus den Gesprächen mit Partnern im Unternehmen gewonnen werden. Dabei gilt es, möglich viel Gesprächspartner aus verschiedenen Bereichen einzubeziehen.

4.2 Reflexion über das Konzept

Das Konzept wurde in einem ausgewählten Unternehmen erprobt. Hierbei bestand kein Anspruch auf die vollständige Ermittlung der Bedarfe im Unternehmen. Im Vordergrund stand die *Handhabung der Methode* in der Praxis. Die Erprobung musste allerdings aus betriebsinternen Gründen einigen Einschränkungen unterworfen werden. Trotz der eingeschränkten Möglichkeiten des Zugangs zu den Daten wurde eine Stufe der Bedarfsanalyse empirisch erprobt. Und es ist vor allem gelungen, die Einsatzmöglichkeiten solcher Art von Methoden zu verdeutlichen und zu überprüfen.

Insgesamt ist es gelungen, *8 Gesprächspartner* aus folgenden Abteilungen zu gewinnen: strategische Personalentwicklung, strategisches Marketing, Bereich Service, Bereich Sale Support, Bereich Technische Schulung, Bereich Personalressort (2 Gesprächspartner), Bereich Innovation (Vorentwicklung). Da es um streng vertrauliche Informationen des Unternehmens handelt, kann der gesamte Prozess und die Ergebnisse nicht dargestellt werden. Es werden in diesem Buch lediglich 3 Beispiele aufgezeigt.

STRATEGISCHE PERSONAL- UND ORGANISATONSENTWICKLUNG

Tätigkeits-felder	*Aufgaben*	*Anforderungen an die Mitar-beiter (Kompetenzen)* [283]	*Bildungs-Maßnahmen*
Betriebliche Weiterbildung	Bildungs-bedarfsanalyse Erstellung des Seminarprogramms Trainerauswahl Seminarorganisation Unterstützung bei der Seminardurchführung Evaluation	*Fähigkeit:* • aus der Unternehmensstrategie inhaltliche und organisatorische Konsequenzen für die betriebliche Bildungsarbeit ableiten • betriebliche Bildungsmaßnahmen planen, umsetzen und evaluieren sowie transferförderliche Faktoren bei der Umsetzung betrieblicher Bildung	Strategisches Personalmanagement Strategische Personalentwicklung Bildungs-management Didaktik und Methodik der Erwachsenenbildung

---

[283] Diese Aufzählung hat beileibe keinen Anspruch auf Vollständigkeit, sondern deutet nur das veränderte und anspruchsvoller werdende Profil des Personalentwicklers an. Aus all diesen Einzelmaßnahmen ließen sich pädagogische, soziologische und psychologische Kompetenzprofile der Personalentwickler als Lern-und Entwicklungsbegleiter, als Analyst des betrieblichen Wertewandels und als Berater in Konfliktsituationen ableiten.

Beratung	Beratung der Führungskräfte in Fragen der Förderung der Mitarbeiter und Teams	berücksichtigen • eigene innovative Lernszenarien konzipieren und umsetzen • wesentliche Instrumente der Qualitätssicherung in der Weiterbildung unterscheiden und anwenden	Organisationsentwicklung Qualitätsmanagement in der Weiterbildung
Coaching (Führungskräfte, Mitarbeiter)	Auswahl der Partner Steuerung und Begleitung		Personalmarketing Coaching
		Didaktische Kompetenzen bei der Steuerung von Selbstlernprozessen der Mitarbeiter und der Koordination der Fördermaßnahmen mit externen Weiterbildungsanbietern	Beratung Lernberatung
Change-Management	Organisationsberatung	*Analytisches Denken* *Beratung:*	Moderation Organisation und Durchführung der Workshop
Talentmanagement	Entwicklung der Konzepte	• Methodische Kenntnisse in der Gruppenmoderation und Einzelcoaching	
	Steuerung und Begleitung der Programme	• Einzelberatung, Organisation von Gesundheitszirkeln	
		• Lebensereignisorientierte Karriereberatung	
Hochschulmarketing	Entwicklung der Konzepte Erstellung der Marketingsmaßnahmen Betreuung (Praktikanten, Diplomanden) Zusammenarbeit mit Hochschulen Maßnahmen (Messen)	Unterstützungstätigkeit bei der Exploration von neuen Arbeits- und Berufsfeldern innerhalb und auch außerhalb (Employability) des Unternehmens Umsetzung methodischer Kenntnisse in der Mitarbeiterbefragung und in der Beratung erfahrener Mitarbeiter Anwendung soziologische Analysemethoden zur Wertedynamik und des Wertewandels (kultureller Wandel im Unternehmen)	
Potenzialanalyse	Auswahl der Partner Steuerung des Prozesses		

STRATEGISCHES MARKETING

Tätigkeits-felder	Aufgaben	Anforderungen an die Mitarbeiter (Kompetenzen)	Bildungs-Maßnahmen[284] (Trainings, Seminare, Workshops...)
Marktforschung	Trendanalysen Entwicklung der Visionen Abgrenzung, Analyse und Prognose strategischer Geschäftsfelder;	Agieren im Sinne der Unternehmensstrategie Fähigkeit zur Marktbeobachtungen Analytisches Denken	Strategisches Management - Ziele, Prozesse, Verfahren Erfolgreiche Marktforschung Einkauf von Marketingleistungen
Marketing	Marktanalysen Erstellung der Produktportfolio Unterstutzung der Produktmanager Schulungen für die Mitarbeiter aus dem Produktmanagement „ Was ist strategisches Marketing"	Methodenkompetenzen zur Marktanalyse Entwicklung, Planung und Umsetzung der Marketingstrategien Erarbeitung spezifischer Lösungen und Konzepte für die unterschiedlichen Kundensegmente	Marketingplanung & -konzeption Key Account Management Marketing- & Vertriebscontrolling Online-Marketing und E-Commerce Trademarketing - Positionierung & Besonderheiten im Handel
Strategische Projekte	Unterstützung der Forschung	Schnittstellen-management zu anderen Funktionsbereiche (Beschaffung, Produktion, Logistik, Kunden)	Event- und Sponsoringprojekte professionell managen Kundenbeziehungen – Kundenorientierung Diese Maßnahmen sind von Bedeutung: • Access • Tabellenkalkulation • Moderationstraining • Rhetorik • Konfliktmanagement = allgemeine Skills

---

[284] Diese Maßnahmen werden in Anlehnung an Deutsches Institut für Marketing vorgeschlagen.

VERTRIEB

Tätigkeits-felder	Aufgaben	Anforderungen an die Mitarbeiter (Kompetenzen)	Bildungs-Maßnahmen
\multicolumn4 Tätigkeitsfelder im Vertrieb sind geprägt durch klassische Funktionen: Key Account Manager Außendienst-Ingenieur Applikations-Ingenieur Technischer Innendienst Auftragsabwicklung-Mitarbeiter			
Anwendungs-beratung und Systemauswahl Anwendungs-support und Inbetriebnahmen Instandhaltung und Wartung Software Engineering und Applikationen Kundenseminare und Trainings Instandsetzung und Reparatur Fehleranalyse und Störungs-behebung Einsatzteil-versorgung Experten-Helpline	Technische Projektierung auf Leistungsebene von Einzelantrieben und Mehrfachsystemen selbstständige Realisierung von Kundenapplikationen Inbetriebnahme-unterstützung und Servicedienstleistungen vor Ort bei Kundenprojekten Durchführung von Kunden- und Mitarbeiterschulungen Unterstützung des Vertriebs-außendienstes Mitwirkung am Prozess der Produktverbesserung (Feldtests, Mängelreports, Informationsaustausch mit dem Application Center der Produktionswerke) Ausbau des Geschäftes mit vorhandenen und neu zu gewinnenden Kunden Technische Beratung und Betreuung der Kunden	Fachwissen: Elektrotechnik/Elektronik/Automationstechnik/ Automatisierungs-technik/ Maschinenbau Kenntnisse im Bereich der elektromechanischen und elektronischen Antriebstechnik Kenntnisse über Produkte Programmierung nach IEC 61131 (Applikations-Ingenieur) Realisierung von Kundenprojekten durch eigene Konzepterstellung und Umsetzung Kenntnisse in SAP R/3 und dem Microsoft-Office-Paket Technisches Know-how Verhandlungsgeschick Marktkenntnisse Telefonische Kundenkommunikation Englischkenntnisse	Produktschulungen BWL Grundlagen, Rechnungs-wesen, Finanzierung, Controlling Vertragsrecht Marketing (Interessen der Kunden erschließen und die Verkaufsstrategie des Unternehmens daran anpassen) Projektmanagement im Vertrieb Kundenprozess-management (Beziehungs-management) Kommunikationstraining (Gesprächsführung, Rhetorik) Verhandlungs-training (Verkaufs-prozess, Kaufmotive, Verkaufstaktik) Visualisierung/ Präsentation Mailings

Angebotserstellung und Projektverfolgung	Andere Kompetenzen:	Erfolgreiche Neukundengewinnung mit System
Identifizierung der Kundeninteressen und -bedürfnisse	• Teamfähigkeit	Telefontraining
(Information der potenzialen Kunden auf Fachmessen und Tagungen über die Produktpalette)	• Überzeugungskraft • Durchsetzungsvermögen • Sicheres Auftreten • Verhandlungs kompetenz	Beschwerdenmanagement Sprachtrainings
Erschließung neuer Marktpotenziale	• hohes Engagement • Kundenorientierung	
	• Kommunikationsstärke	
	• Zielorientierung	
	• Reaktionsfähigkeit auf Kundenwünsche	
	• gute Belastbarkeit	

Der Grad der Erprobung ermöglicht allerdings eine Reflexion dieser Methode. Die Aussagekraft wird nicht durch die unvollständige Umsetzung zentral beeinträchtigt. Der Autor ermutigt die Bildungsverantwortlichen, das Konzept in der Praxis einzusetzen und weiterzuentwickeln.

Die Erprobung des Konzeptes hat die *theoretischen Annahmen bestätigt.* Durch die Analyse der Tätigkeitsfelder, der Prozesse im Unternehmen und der relevanten Indikatoren wird ersichtlich, WO durch WELCHE Bildungsmaßnahmen Kompetenzen der Mitarbeiter eventuell aufgebaut oder gestärkt werden können bzw. müssen. Eine Ermittlung von individuellen Bedarfen der Mitarbeiter ist allerdings mit diesem Konzept nicht möglich. Hier bedarf es der Kombination mit anderen Methoden, die auch einen Soll-Ist-Vergleich zulassen.

Die Methode lässt sich grundsätzlich schnell einsetzen und liefert ebenso *relativ schnell qualitative Ergebnisse,* welche Qualifizierungstrends im Unternehmen relevant sind. Die *Umsetzung der Methode* basiert auf einer *Kooperation mit den Führungskräften oder Vertretern* der Bereiche. Eine ideale Ergänzung hierbei ist die Nutzung der vorhandenen Datenbanken zur Ermittlung unterstützender Zahlen und Fakten.

Zu Beginn wird der *Status Quo des Unternehmens* bezüglich der strategischen Ziele ermittelt, der die Richtung der Weiterbildung des Unternehmens bestimmt. Daraus lassen sich die charakteristischen Gegebenheiten des Unternehmens ableiten, die für maßgeschneiderte Maßnahmen im Sinne des Unternehmens notwendig sind.

Im Weiteren lassen sich schon aufgrund der Analyse der Tätigkeitsfelder und Berufsbilder übergreifende Maßnahmen für alle Bereiche, wie Kommunikationstrainings, Konfliktmanagement u.a, ableiten. Hierbei wird jedoch ersichtlich, dass jeder Bereich, jede Abteilung mit seinen Funktionen und Aufgaben spezifischer Bildungsmaßnahmen bedarf. Sogar bei den übergreifenden Maßnahmen wird deutlich, dass für jeden Bereich andere Schwerpunkte von Bedeutung sind. So ist zum Beispiel ein Kommunikationstraining mit seinen Grundlagen für viele Bereiche von Bedeutung, allerdings soll es für jeden Bereich andere Schwerpunkte beinhalten (z. B. im Vertrieb sind Verhandlungstechniken relevant, nicht aber für den Bereich Forschung und Entwicklung).

Insgesamt sind folgende mögliche Konsequenzen und Perspektiven dieser Methode zu betonen:

- Ermittlung des Grundbedarfes im Unternehmen;
- Herauskristallisierung der Anforderungen an die Mitarbeiter;
- Analyse des Aufgabenspektrums der Bereiche;
- Ermittlung von Aussagen zum Weiterbildungsbedarf;
- Ableitung von Hypothesen zur Überprüfung der Bedarfe;
- Entwicklung eines Raster an Fragen für das Mitarbeitergespräch;
- Basis für die Aktivierung der Mitglieder durch andere Methoden wie z. B. Befragung;
- Basis für weitere Datenerhebung;
- Grundlage für weitere Gespräche (mit der Unternehmensleitung, mit den Führungskräften, mit den Mitarbeitern);
- Grundlage für weitere Workshops (mit den Führungskräften, mit den Mitarbeitern);
- Grundlage für die Entwicklung der Kompetenzmodelle und Kompetenzprofile im Unternehmen;
- Identifizierung der Zielgruppen für die Trainings;
- Identifizierung möglicher Lernbedarfe der Zielgruppen.

5. Entwicklung eines Förderungs- und Entwicklungsplanes

Über die Bedeutung und Notwendigkeit eines Entwicklungsplanes im Rahmen der betrieblichen Weiterbildung für die Mitarbeiter und Unternehmen wurde im Kapitel 3.9 bereits diskutiert. Es ist ohne Zweifel einerseits ein wichtiges *Instrument für die Planung der betrieblichen Weiterbildung* und anderseits ein *Instrument für die Förderung und Sicherung der Kompetenzen der Mitarbeiter.* Bei der Durchsicht der Literatur wurden aber keine weiteren konkreten Vorbilder und Hinweise zur Umsetzung gefunden, ausgenommen einem Vorschlag von Mentzel aus dem Jahr 1970. Um diese Lücke zu schließen, wurde in diesem Buch der Versuch unternommen, hierfür ein Muster zu entwickeln. Es handelt sich um ein theoretisches Konstrukt ohne praktische Erprobung und Auswertung auf seine Handhabung. Trotzdem wird von einem Nutzen dieses Entwurfs ausgegangen.

Aus der Analyse der Literatur lässt sich ableiten, dass der individuelle Weiterbildungsbedarf im strukturierten Mitarbeitergespräch erfolgreich ermittelt werden kann. Im diesem Sinne wird das Mitarbeitergespräch als eine Plattform zur Anerkennung der Leistungen und Erkennung der Potenziale verstanden.

Der Entwicklungsplan ist ein *weiterer Schritt im Mitarbeitergespräch.* Zum Abschluss des Gespräches kann *auf Wunsch des Mitarbeiters* ein konkreter Entwicklungsplan vereinbart werden. Außer der Ermittlung des Bildungsbedarfs und der Festhaltung der Ergebnisse steht die Erarbeitung von Wegen mit konkreten Maßnahmen zur Umsetzung der Kompetenzentwicklung im Vordergrund. Dadurch wird die Verbindlichkeit gewährleistet und diverse Möglichkeiten zur Weiterentwicklung aufgezeigt. Je konkreter und verbindlicher die Beteiligten die Maßnahmen zur Entwicklung formulieren und vereinbaren, desto wahrscheinlicher ist es, dass die Mitarbeiter die Maßnahmen wahrnehmen und diesen folgen.

Der Weg von der Bedarfsanalyse zur Kompetenzentwicklung ist ein *offener und transparenter Prozess,* wobei der Mitarbeiter und seine Vorgesetzten gemeinsam ein mögliches Ziel definieren, um die Förderwege zu finden und festzulegen. Hierbei gilt:

Entwicklungsmöglichkeiten haben alle Leistungsträger. Die hierarchische Entwicklung ist nicht das oberste und einzige Ziel, die Abrundung des Kompetenzprofils ist genauso von Bedeutung. Die Förderung der beruflichen Kompetenzen ist auch die Initiative der Mitarbeiter.

Jeder *Mitarbeiter* soll und kann die Initiative selber ergreifen. Das besagt, dass der Mitarbeiter seine Führungskraft über seine beruflichen Ziele informiert. Das Ziel ist hierbei, dass der *Mitarbeiter ein Gefühl entwickelt*, welche Kompetenzen an seinem Arbeitsplatz ausgebaut werden können. Der Mitarbeiter analysiert eigene Stärke und Schwächen, und erarbeitet Vorschläge zu seinem Kompetenzaufbau. Es bedarf selbstverständlich einer entsprechenden Unternehmenskultur, die solche Prozesse fordert und fördert. Der Mitarbeiter bringt seine Vorstellungen zur beruflichen Entwicklung ein. Die Vorstellungen des Mitarbeiters sind insbesondere für das Mitarbeitergespräch und weitere Planungen von Bedeutung, weil das langfristige Entwicklungsziel in Zusammenhang mit dem Potenzial des Mitarbeiters besprochen wird. Die *Führungskraft* meldet dem Mitarbeiter seine *Einschätzung* zu seinen beruflichen Vorstellungen zurück. Die *Führungskraft als Coach* gibt sein Feedback anhand der Ergebnisse und Beobachtungen zu den Mitarbeiterkompetenzen und zeigt mögliche Alternativen auf.

Die Unterstützung für die Führungskräfte wird sowohl seitens der Vorgesetzten wie auch seitens der Personalberater gewährleistet. Die *Personalberater (Personalentwicklung)* soll eine *unterstützende Rolle* in diesem Prozess übernehmen. Führungskräfte und Personalberater diskutieren Leistungen und Potenziale der Mitarbeiter und ermöglichen einen Rahmen für die Fördermaßnahmen. Darüber hinaus können die Personalberater allen Führungskräften im Unternehmen einen Kompetenzentwicklungs- und Fragenkatalog zur Ermittlung des Weiterbildungsbedarfs zur Verfügung stellen.

Merkmale eines Förderungs- und Entwicklungsplanes
- beinhaltet zwei Aspekte: Planung und Vereinbarung;
- entspricht einer Vereinbarung zwischen dem Mitarbeiter und dem Unternehmen;
- ist nicht auf die Dauer der Weiterbildung beschränkt, sondern soll Perspektiven und Konsequenzen über die Weiterbildungszeit hinaus aufzeigen;
- basiert auf den Wünschen und der Zustimmung des Mitarbeiters;
- führt nicht zwangsläufig in höhere Positionen.

In einem Entwicklungsplan kann folgendes vereinbart werden:
- Weiterbildungsmaßnahmen (Art, Dauer, voraussichtlicher Abschluss etc.);
- Fördermaßnahmen;
- Art der Unterstützung durch die Unternehmung;
- Durch Mitarbeiter zu leistendes Engagement (treffende Maßnahmen);

- Unterstützende Maßnahmen (z. B. Jobrotation, Coaching, Erfahrungsgruppen etc.);
- Laufbahnperspektiven;
- Möglichkeit zur Entwicklung der sozialen Kompetenzen (z. B. Pate, Mentorgegenseitiger Austausch: Erfahrung gegen neue Impulse);
- Verschiedene individuelle Vereinbarungen;
- Rückzahlungsverpflichtung.

Weitere Hinweise zur Umsetzung

Im Idealfall werden der Bildungsbedarf und die Entwicklungsschritte mit dem Vorgesetzten *im strukturierten Mitarbeitergespräch* besprochen und festgelegt. Es soll aber auch für den Mitarbeiter die Möglichkeit bestehen, sich direkt an die Personalentwicklung zu wenden. *Die Meinung der Führungskraft hat Gewicht, führt aber nicht zwangsläufig zur Entscheidung über die weitere berufliche Entwicklung des Mitarbeiters.* Es bedarf eines Dialoges, um die *Objektivität* zu sichern. Die Personalentwicklung erhält eine Kopie des Formulars zur weiteren Bearbeitung. Die Bearbeitung besteht in der Koordination der notwendigen Maßnahmen bis hin zur Umsetzung und Evaluierung.

Vorteile eines Förderungs- und Entwicklungsplanes

- Erhöhung der Mitarbeiterzufriedenheit;
- Langfristige Personalentwicklung;
- Sicherung des Humankapitals;
- Strategische Kompetenzentwicklung der Mitarbeiter;
- Überblick über Kompetenzen der Mitarbeiter;
- Überblick über die Potenziale der Mitarbeiter;
- Ermöglichung der bedarfsgerechten Planung der Maßnahmen;
- Hilfestellung zur Nachfolgeplanung;
- Hilfestellung bei Besetzung interner Stellen (Vertretung/Ausfall der Mitarbeiter).

Nachteile eines Förderungs- und Entwicklungsplanes

- Zeitintensiv;
- Pflege der Pläne.

Auf Grundlage der oben geschilderten theoretischen Basis wurde vom Autor dieses Buches folgendes Muster erstellt:

Förderungs- und Entwicklungsplan
(Employee Development Plan)

Name: Vorname:	Bereich:
Position: Zugehörigkeit zum Unternehmen: ( ) Jahre	Vorher (wo? als?)
Ausbildung/Studium:	Zusatzqualifikation(en):

Ziel des Förderungs- und Entwicklungsplan

□ Leistungsverbesserung (horizontale Anpassung) □ Leistungsverbesserung (vertikale Anpassung) □ Berufliche Entwicklung (Aufstieg)	□ Integrationsprogramm (z. B. Rückkehr) □ Development Programm □ Management-Programm □ Vorbereitung auf Auslandeinsatz

Leistungen:	□ sehr hoch □ hoch □ mittel □ unterdurchschnittlich (Ergebnis aus dem Mitarbeitergespräch)

Entwicklungsbedarf : Bitte nennen Sie Themen, die für sie berufsrelevant sind

□ **Fachkompetenz**	□ **Methodenkompetenz**	□ **Soziale und personale Kompetenzen**	
			K
			M
			L

Zeitraum: kurzfristig (sehr dringend) mittelfristig (1 Jahr) langfristig (1-2Jahre)

Wünsche zur beruflichen Entwicklung	

Mitarbeiter (Datum/Unterschrift) _____ Tel.:_____(Für Rückfragen)
Führungskraft (Datum/Unterschrift) _____ Tel.:_____(Für Rückfragen)

Entwicklungsbegleitende Maßnahmen:	□ Coaching □ Beratung □ kollegiale Beratung □ systemische Beratung
Entwicklungsmaßnahmen (on the job):	□ Job Rotation □ Job Enlargement □ Job Enrichment □ Projektförderung □ Sonstiges (z. B. Vertretung):_____
Entwicklungsmaßnahmen (on- & off-the job):	□ als Mentor/in □ als Pate □ als Praktikantenbetreuer/in □ als Diplomandenbetreuer/in □ als Trainer/in □ Sonstiges:_____

Bildungsmaßnahmen (off the job)

Fachkompetenz	Methodenkompetenz	Soziale und personale Kompetenzen	Zeitraum
			kurzfristig
			mittelfristig
			langfristig

Zukünftige Prognose zur Entwicklung:

□ Führungslaufbahn
□ Fachlaufbahn
□ Projektlaufbahn
□ Sonstiges

Bemerkungen, besondere Vereinbarungen:

Personalentwicklung: Eingang am_____

  Bearbeitung am_____

  Bearbeitung am_____

6.   Konsequenzen und Perspektiven

6.1   Forschungsbedarf

In der Theorie liegen bereits viele Ansätze zur Ermittlung des Bildungsbedarfs vor. Jedoch zeigen die Ergebnisse der empirischen Erhebungen, dass lediglich 42 % der weiterbildenden Betriebe eine *systematische Bedarfsanalyse* durchführen und die Ermittlung noch mit Schwierigkeiten verbunden ist. Diese Schwierigkeiten deuten auf Forschungs- und Entwicklungsbedarf hin.

Es werden diverse Instrumente und Methoden zur Bildungsbedarfsanalyse zwar in der Theorie beschrieben, bleiben aber für die Praxis zum Teil nur theoretische Konstrukte. Dies deutet offensichtlich auf einen Untersuchungsbedarf bezüglich der Gründe für das geringe Ausmaß an praktischer Umsetzung hin. Hierbei stellt sich die Frage: werden die Methoden und Instrumenten der Bedarfsermittlung nicht gerecht oder werden sie in der Praxis nicht in ausreichendem Maße umgesetzt. *Es fehlt an Untersuchungen zur Bildungsbedarfsanalyse als Prozess.* Dabei ist es von großer Bedeutung, die Sichtweisen der Praktiker und die Implementierung der Methoden/Instrumente in der Praxis zu untersuchen, wie der Prozess der Bildungsbedarfsanalyse stattfindet.

Die *strategischen Verfahren*, wie z. B. Delphi-Methode oder Pesonal-Portfolio-Analyse sind nicht ausreichend im Hinblick auf die Ermittlung des Weiterbildungsbedarfs im Rahmen der betrieblichen Weiterbildung untersucht. Es liegen keine empirischen Untersuchungen zum Einsatz dieser Methoden vor. Diese Methoden sollen weiterentwickelt und ihre Einsatzmöglichkeiten den Betrieben aufgezeigt werden. Auf der anderen Seite sollte auch die Effektivität des Einsatzes dieser Methoden in der Praxis überprüft werden.

Außerdem liegen keine umfassenden *Konzepte zur Bedarfsanalyse* vor, die nicht nur die Ermittlung der Defizite oder die Analyse der Potenziale berücksichtigen, sondern auch eine Dynamisierung dieser beide Aspekte, eine Integration diverser Zielgruppen und eine Spezifikationen der Bereiche und Zukunftsprognosen beinhalten. Es sind noch Konzepte, Methoden und Instrumente zu entwickeln, einzusetzen und zu überprüfen, die es der betrieblichen Weiterbildung/Personalentwicklung erleichtern, proaktiv zu handeln. Heute basiert die Bedarfsanalyse in der Regel auf der Soll-Ist-Systematik, die lediglich reaktiv ist: zur Weiterbildungsmaßnahmen kommt es, wenn die Probleme bereits offen liegen. Aus heutiger Sicht sind ebenfalls Konzepte zur Bedarfsanalyse notwendig, die den demografischen Wandel und den Fachkräftemangel in Unternehmen berücksichtigen.

Es könnten folgende Forschungsfragen aufgestellt werden:

- Wie und in welchem Umfang ist Bedarfsanalyse als zentrales Element des Bildungscontrollings in Betrieben verbreitet?
- Mit welchen Methoden und Instrumenten werden die Bildungsbedarfe in diversen Unternehmen erfasst? Inwieweit sind die strategische Instrumenten zur Ermittlung des Bildungsbedarfs in den Betrieben verbreitet?
- Welche Akteure sind in die Bedarfsanalyse in Unternehmen involviert?

Es sind folgende Forschungshypothesen zu überprüfen:

- Trotz des hohen Stellenwerts der Bedarfsanalyse im Rahmen der betrieblichen Weiterbildung werden nur wenige der verfügbaren Instrumente, Methoden und Verfahren der Bildungsbedarfsanalyse in der betrieblichen Praxis eingesetzt. Dies führt zur lückenhaften Ermittlung der jeweiligen Bildungsbedarfe.
- Je mehr methodischen Kenntnisse bei Personalentwicklern und Führungskräften vorhanden sind, desto umfangreicher, systematischer und vor allem flächendeckender findet die Bedarfsanalyse statt.
- Wenn im Rahmen der Bedarfsanalyse strategische Instrumente eingesetzt werden, werden die Bedarfe proaktiv ermittelt.
- Je mehr unterschiedliche Akteure sich im Unternehmen an der Bedarfsanalyse beteiligen, desto exakter ist die Bedarfsanalyse.
- Die betriebswirtschaftliche Methoden und Instrumente im Bereich des Personalwesens (z. B. Mitarbeitergespräch, Zielvereinbarungsgespräch, Beurteilungsgespräch) werden den Anforderungen des Bildungscontrollings nicht gerecht.
- Der Einsatz der Instrumente hängt vom Reifgrad der Organisation ab.

6.2   Handlungsempfehlung

Im Folgenden wird eine Handlungsempfehlung für Unternehmen formuliert, die entweder als Hilfstellung beim Aufbau oder der Evaluation und dem Controlling der vorhandenen Bildungsbedarfsanlyse im Hause dienen kann. Sie basiert auf der theoretischen Analyse der Verfahren und vorhandenen empirischen Untersuchungen zur Bedarfsermittlung.

Empfehlung für die Bedarfsanalyse können nicht unabhängig betrachtet werden, sondern sind abhängig von anderen strukturellen Gegebenheiten des Unternehmens. Deshalb müssen diese Empfehlungen auf Empfehlungen zu anderen Bereichen aufbauen. Diese gliedern sich in folgende Unterpunkte:

- Personalentwicklung;
- Betriebliche Weiterbildung;
- Bedarfsanalyse.

Zur Personalentwicklung

Die *Personalarbeit* bedarf einer stärkeren ***Implementierung in die Gesamtstrategie*** des Unternehmens. Es wird in der Regel durch die Entwicklung eines Dialoges zwischen den Verantwortlichen für die Personalentwicklung/Weiterbildung und der Unternehmensleitung erreicht. Um den Soll-Zustand „Personalentwicklung ist ein integrierter Bestandteil der Unternehmensstrategie" zu erreichen, bedarf es einer frühzeitigen Einbeziehung der Bildungsverantwortliche in die Unternehmensziele.

Darüber hinaus sollen die ***Strategien des Unternehmens*** nicht nur „policy papers" für den Vorstand, sondern ihre *Philosophie muss von allen betroffenen Mitgliedern des Unternehmens verstanden und internalisiert werden.*

Jede Personalentwicklung bedarf einer ***Personalentwicklungskonzeption.*** Daher ist es zu empfehlen, sich zuerst auf den Entwurf einer Konzeption zu konzentrieren. Es ist notwendig, die Personalentwicklung als langfristig angelegten Prozess zu verankern, der darauf ausgerichtet ist, die Leistungsanforderungen und -ziele des Unternehmens, Bedürfnisse, Fähigkeiten und Potenziale der Beschäftigten in Einklang zu bringen.

Das Konzept sollte in kompakter Form die *Aktivitäten auf dem Gebiet der Personalentwicklung* zusammenfassen und den Rahmen für die mittel- und langfristige Ausrichtung bilden. Jährlich sollte das Konzept an neue Entwicklungen angepasst werden. Ausgangspunkt ist jeweils ein Jahresbericht über die Aktivitäten der Personalentwicklung des vergangenen Jahres.

Es sollte die *Position und Rolle der Personalentwicklung* im Unternehmen durch deren *Partnerschaft mit allen Bereichen des Unternehmens* gestärkt werden. Führungsprozess und Bildungsprozess, Entscheidungsprozess und Leistungsprozess sind integrale Bestandteile kooperativ arbeitender Organisationen.[285] Es ermöglicht die proaktive Gestaltung der Personalentwicklung/Bildungsmaßnahmen.

Personalverantwortliche sollten im Betrieb *4 Rollen* einnehmen: *Business-Partner, Berater, Coach und Begleiter.* Mit den damit verbundenen vielfältigen Aufgaben steigt auch die Bedeutung der Personalentwicklung und sie kann damit den geforderten konkreten Beitrag zur Lösung von komplexeren Aufgaben leisten. Ein breiteres Ausfüllen dieser Rollen der Personalentwicklung im Unternehmen könnte die Weiterbildungsplanung verbessern. Die nachstehende Tabelle 5 verdeutlicht die Kompetenzen und Aufgaben dieser Rollen.

PE Rolle	Kompetenzen	Aufgaben	Voraussetzungen
Business-Partner	Geschäftsprozesse und ihre Hintergrunde zu verstehen	Implementierung der Personalarbeit in die Gesamtstrategie des Unternehmens	Einbeziehen der Personaler in die Diskussion und Entscheidungen des Managements
Berater	Anleitung	Hilfestellung zur Lösung der Aufgaben/ Problemen	Einbeziehen der Personalentwickler in die Prozesse der Bereiche des Unternehmens
Coach	Fragestellung	Lenkung der Fachbereiche, zielorientierter zu arbeiten	
Begleiter	Unterstützung	Teamentwicklungsmaßnahmen konzipieren und begleiten\n\nOrganisationsberater	

Tab. 5: Rollen der Personalentwickler
Quelle: Eigene Darstellung

---

[285] Becker, M. (1995), S. 76.

Zur betrieblichen Weiterbildung

Jede betriebliche Weiterbildung braucht eine *Bildungskonzeption.* Daher sollte diese auf dem Fundament einer Personalentwicklungskonzeption aufgebaut werden. In der Bildungskonzeption sind *die generelle Ausrichtung, die Ziele, die Inhalte, die Verantwortung und die Instrumente der Bildungsarbeit* festzulegen. Diese Konzeption dient als Informations- und Handlungsgrundlage für alle Akteure der betrieblichen Bildungsarbeit. Darüber hinaus sichert sie eine kontinuierliche und systematische Bildungsarbeit.

Es ist zu empfehlen, einen konstanten Ablauf der betrieblichen Weiterbildung zu sichern. Die nachstehende Tabelle 6 zeigt einen möglichen Ablauf für die Bildungsarbeit.

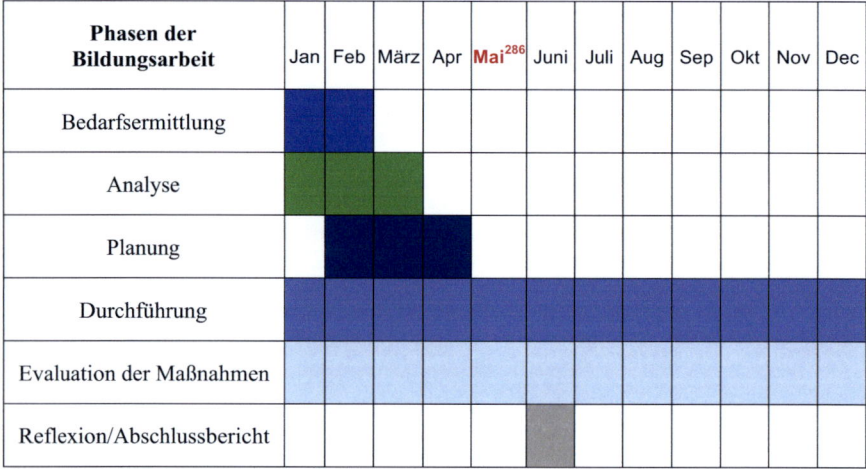

Tab. 6: Phasen der Bildungsarbeit
Quelle: Eigene Darstellung

Es ist zu empfehlen die *Reflexion der Bildungsarbeit* und derer einzelne Phasen insbesondere die Bedarfsanalyse für jedes Geschäftsjahr durchzuführen.

Es sind weitere Aspekte von Bedeutung:

- Die empirischen Studien zeigen, dass die *Mitarbeiter* in der Regel eine *hohe Bereitschaft für die Weiterbildung* aufweisen. Dies sollte weiterhin von Unternehmen im Hinblick auf die Bildungsrendite durch Steigerung des Humankapitals unterstützt

---

[286] Beginn des neuen Geschäftsjahres.

werden. Wenn Weiterbildung aber eine Investition in das Humankapital sein soll, dann muss sie wie vergleichbare andere Investitionen betrachtet werden.

- Im Bezug auf *Bildungsrendite* ist es zu empfehlen, möglichst *spezifische Trainings* anzubieten. Zum Beispiel lassen sich in alle Trainings Spezifikationen des Unternehmens einbeziehen, ob es das Projektmanagement oder eine SAP-Schulung ist. Investitionen in spezielles Humankapital erhöhen die Grenzproduktivität eines Arbeitnehmers nur in einem Unternehmen. Diesem sollte die Bedarfsanalyse Rechnung tragen.

- Unter *bildungsdidaktischen Gesichtspunkten* ist es empfehlenswert, *diverse Formen des Lernens* zu integrieren wie Job-Rotation, Austauschprogramme, Lern- und Qualitätszirkel, selbstgesteuertes Lernen, Informationsveranstaltungen (z. B. Teilnahme an Fachvorträgen, Tagungen und Kongressen).

- Der *Zugang zur Weiterbildung* soll für *diverse Zielgruppen* im Unternehmen möglich sein. So sollten auch die Bildungsbedarfe im Produktionsbereich berücksichtigt werden. Sonst entsteht ein Spannungsfeld zwischen dem Ziel „Hohe Qualität der Produkte" und der Weiterbildung der Mitarbeiter im Produktionsbereich. Es ist lohnenswert die Chancen in der betrieblichen Weiterbildung für den gewerblichen Mitarbeiter zu erhöhen, da dies Auswirkungen auf die Motivation der Mitarbeiter und die Qualität der Produkte hat. In der Produktion sollte kontinuierlich ein strukturiertes *Qualifikationsmanagement* stattfinden und ein Aufgabenmanagement durchgeführt werden. Dabei könnten die Aufgabenstellungen, die Aufgabenverantwortung und die Aufgabenbeherrschung von Mitarbeitergruppen erhoben werden.[287] Aus dem Vergleich von Aufgabenstellung und Aufgabenbeherrschung ergibt sich der Qualifizierungsbedarf. Hauptverantwortlicher dafür ist im Wesentlichen die Führungskraft.

Weiterbildung der Führungskräfte

Führungskräfte sind eine besondere Zielgruppe, die eine Schlüsselrolle im Bezug auf die Mitarbeiter, Kunden, interne Abläufe der Prozesse und somit auf die Entwicklung des Unterneh-

---

[287] Diese Empfehlung beruht darüber hinaus auf den Ergebnissen und Erkenntnissen aus dem Projekt „WEISE-Weiterbildung durch selbstorganisiertes Lernen im Arbeitsprozess für Angelernte, Umgelernte und Lernentwöhnte". Forschungsergebnisse und spezifische Prozesserfahrungen der Industriepartner sind in der Veröffentlichung „Qualifikationsmanagement in der Produktion: Pläne und Werkzeuge für die Baustelle Lernende Organisation" dargestellt.

mens einnehmen. Um die Wettbewerbsfähigkeit des Unternehmens zu erhalten, ist deshalb eine gezielte *Führungskräfteentwicklung* notwendig. Dem soll in hohem Maße die betriebliche Weiterbildung Rechnung tragen. Auch ist die betriebliche Weiterbildung von großer strategischer Bedeutung. Das Unternehmen kann sich nicht allein auf die Führungsbegabung verlassen. Das Postulat des lebenslangen Lernens gilt besonders für die Führungskräfte.

Daher sollte in Unternehmen ausreichende Aufmerksamkeit auf die Führungskräfteentwicklung und die Entwicklung des *Führungskompetenzmodells* gerichtet werden. Hierbei ist von Bedeutung die Führungskräfte stärker für ihre *Aufgabe „Mitarbeiterentwickler vor Ort"* zu sensibilisieren. Die Personalentwicklung ist ein Teil der Gesamtaufgabe jedes Vorgesetzten und sollte auch in die Stellenbeschreibung aufgenommen werden. Bei der Führungskräftebeurteilung sollte dieser Aspekt auch beurteilt werden, ob und wie sie ihrer Verantwortung für die Entwicklung ihrer Mitarbeiter nachgekommen sind.

Zuerst sollen jedoch die Führungskräfte geschult werden, die Instrumente der Bildungsbedarfsanalyse einsetzen zu können. Die Ergebnisse aus den Gesprächen sollen auf jeden Fall an die Abteilung Personalentwicklung oder an die Verantwortlichen für die betriebliche Weiterbildung weitergeleitet werden, um die rechtzeitige Planung und Durchführung der Maßnahmen sicher zu stellen.

Weiterbildung für Ingeneure

Die empirischen Untersuchungen zeigen, dass die betriebliche Weiterbildung in Unternehmen eher allgemein aufgestellt und nicht zielgruppenspezifisch ist. An dieser Stelle sei auf die repräsentative VDI Ingenieurestudie[288] und deren Ergebnisse verwiesen.

Es ist zu empfehlen, im Weiterbildungsangebot stärker die Bedürfnisse dieser Zielgruppe zu berücksichtigen und zu integrieren. Hierbei ist unter Berücksichtigung des demografischen Wandels und des Fachkräftemangels von Bedeutung, die Weiterbildungsintensität zu überprüfen und zu erhöhen. Der Empfehlungswert liegt hierbei bei 10 Tage pro Jahr. Diesem Vorhaben geht eine unternehmensspezifische Analyse voraus.

---

[288] Vgl. VDI Ingenieurestudie:
http://www.vdiwissensforum.de/fileadmin/pdf/download/VDI_Ingenieurstudie_Berichtsband.pdf /19.09.2008/

Insgesamt zeigen die Ergebnisse, dass die Unternehmen zu wenig Energie in die gezielte Entwicklung ihrer Kompetenzressourcen investieren. Weiterbildung wird größtenteils punktuell und undifferenziert statt vorausschauend und strategisch eingesetzt.

Viele Ingenieure brauchen nach eigenen Angaben in der täglichen Arbeit EDV-Kenntnisse (92 %), Präsentationssicherheit (81 %), Betriebswirtschaftliche Kenntnisse (65 %), Kenntnisse bezüglich Rechtsfragen (61 %) oder auch Spezialwissen aus anderen Fachgebieten (57 %), wozu jeweils kein ausreichendes Angebot an Weiterbildungsmaßnahmen vorliegt.[289]

Zur Bildungsbedarfsanalyse

Die Bedarfe sollen auf der *Zeitachse* als *kurzfristig, mittelfristig, langfristig* unterschieden werden.

Um *proaktive Bildungsarbeit* zu betreiben, bedarf es einer **umfassenden Bedarfsanalyse.** Diese ist durch die Drei-Ebenen-Perspektivität und den Einsatz der strategischen und der operativen Instrumente zu erreichen.

Die Bedarfsanalyse aus ***Drei-Ebenen-Perspektivität*** ermöglicht eine umfassende Untersuchung der Bildungsbedarfe:

- Ermittlung der Unternehmensbedarfe;
- Ermittlung der bereichspezifischen Bedarfe;
- Ermittlung der individuellen Bedarfe (bei gegebener Möglichkeit auch zielgruppenbezogene Analyse).

Es bedarf in jedem Unternehmen einer strategischen Ausrichtung und nicht nur lediglich eines operativen Korrekturinstruments. ***Die Bedarfsanalyse sollte durch den richtigen Mix verschiedener Instrumente konzipiert und durchgeführt werden.*** Die betriebsspezifische gelungene Auswahl der Methoden, Instrumente und Verfahren zur Bedarfsanalyse kann zur Verbesserung der betrieblichen Bildungsarbeit beitragen: diese Vielfalt dient gleichzeitig der Qualitätssicherung in der Bildungsarbeit, der Evaluation der Bildungsarbeit sowie der Sicherstellung des Weiterbildungserfolgs.

---

[289] Ebd. Befragt wurden 500 berufstätige Ingenieure.

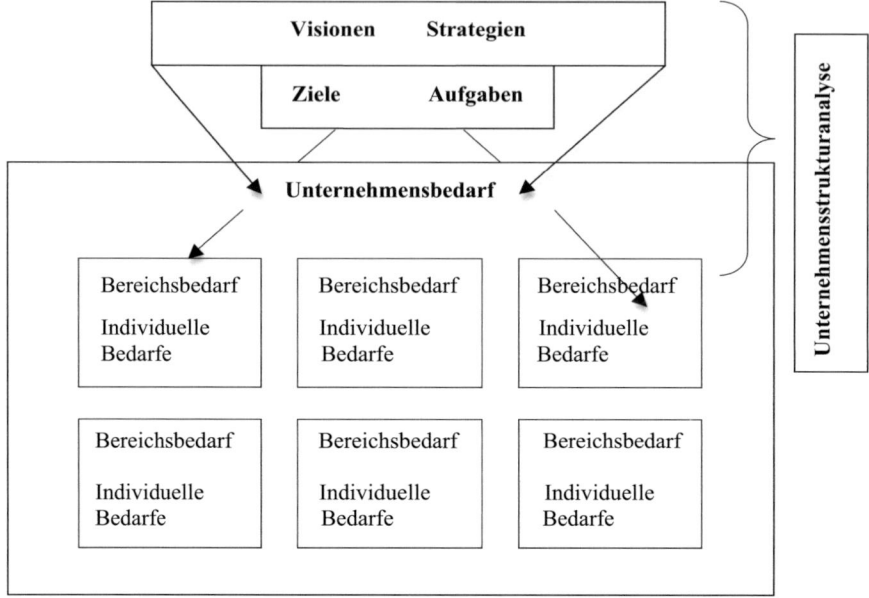

Abb. 41: Ableitung der Weiterbildungsbedarfe
Quelle: Eigene Darstellung

Zu Beginn sollte ein *Fundament* für die Bildungsarbeiten durch eine ***Unternehmensstruktur-analyse*** geschaffen werden. Die betrieblichen *Basisdaten, Potenziale und Schwachstellen,* *anstehende Veränderungen und strategische Entwicklungen* sollten festgestellt und analysiert werden.

Zur Unternehmensstrukturanalyse sind folgende Aspekte zu empfehlen:

- Analyse der allgemeinen Daten über die Struktur des Unternehmens;
- Analyse der Personalsituation/Personalstruktur (z. B. Anzahl der Beschäftigten, Al-tersstruktur, Vollzeitkräfte/Teilzeitkräfte, Auszubildende, Fachkräfte, spezifische Mit-arbeitergruppen);
- Analyse der Geschäftsfelder, Tätigkeitsfelder der Bereiche und Geschäftsprozesse;
- Analyse der strategischen Entwicklung, der aktuellen Entwicklung und Entwicklungs-bedarfe;
- Analyse der Bewertung der Leistung aus Unternehmenssicht und der Bewertung aus der Kundensicht;
- Analyse der Schwachstellen und Potenziale;

- Analyse der Stärken bzw. Schwächen des Unternehmens im Wettbewerb (Kunden, Qualität, Termintreue, Innovative Produkte bzw. kundenindividuelle Leistungen);
- Analyse des Markterfolgs (Welche Produkte/Leistungen des Unternehmens erzielen aktuell den größten Gewinn? Welche Produkte/Leistungen haben zukünftig die größten Marktchancen?);
- Analyse der aktuellen und geplanten Veränderungen im Unternehmen;
- Untersuchung und Identifizierung der Kompetenzen der Mitarbeitergruppen (Führungskräfte, diverse Berufsbilder).

Diese Analysen sollten mit der Unternehmensleitung, mit den Bereichsleitern, mit den Abteilungsleitern und Mitarbeitern durchgeführt werden. Je intensiver die Ursachen für besondere Schwächen und Potenziale identifizieret werden, umso klarer werden auch Veränderungschancen und „verdeckte" Defizite erkennbar.

Angestrebtes Ergebnis: Gesamtbild der Unternehmenssituation mit notwendigen Kompetenzen zum erfolgreichen Handeln in der Zukunft.

Kompass der Personalentwicklung

Der Kompass für die Personalentwicklung sind die *Anforderungsprofile bzw. Kompetenzmodelle.* Es ist empfehlenswert die *Kompetenzmodelle für diverse Zielgruppen* zu entwickeln. Wenn die Ermittlung der Bedarfe auf diesem Fundament basiert, wird die Bedarfsanalyse wesentlich konkreter und damit wirksamer sein. Diese Vorgehensweise hat sich in der Praxis als erfolgreich bewährt.

Zum Beispiel sind folgende Kompetenzmodelle zu entwickeln:

- Kompetenzmodell für Berufsbilder in der Forschung und Entwicklung;
- Kompetenzmodell für die Berufsbilder im Vertrieb;
- Kompetenzmodell für den kaufmännischen Bereich (Rechnungswesen, Controlling, Marketing).

Es wird befürwortet, die Kompetenzmodelle in Workshops mit den Führungskräften und Mitarbeitern auszuarbeiten. Es ist hervorzuheben, dass viele Anforderungsprofile für die Besetzung der Positionen im Unternehmen in der Regel vorliegen. Es ist eine hervorragende Basis, um die weitere Entwicklung zeiteffektiv zu gestalten.

Auf dieser Basis lässt sich insbesondere eine *individuelle Bedarfsanalyse* aufbauen. Der Schlüssel zum Erfolg ist hier die *Kompetenzbilanzierung*. Diese Kompetenzbilanzierung trägt zur Anerkennung von Kenntnissen, Fertigkeiten und Fähigkeiten bei. Dies wiederum sollte in einem Mitarbeitergespräch stattfinden. Hier empfielt sich, ein strukturiertes Mitarbeitergespräch einzuführen, in das alle drei Aspekte integriert sind.

Austausch in einem Netzwerk

Über einen verstärkten Austausch mit anderen Betrieben könnten gelungene Praxisbeispiele eventuell übertragen werden. Auf jeden Fall besteht die Möglichkeit zu gegenseitigen Anregungen bezüglich der Personalarbeit im Unternehmen. Insbesondere könnten so schwierige Prozesse wie die Bedarfsanalyse mit anderen Praktikern reflektiert werden.

Fazit: Bilden und binden der Mitarbeiter. Es lohnt sich.

6.3   Ausblick

Jahr 2030 – Eine Vision

Die in den vergangenen Jahren geführte Werte-Wandel-Diskussion und Diskussion über die Bedeutung der beruflichen Bildung hat positiven Wirkungen gezeigt. Jedes Unternehmen betrachtet es als seine Aufgabe und als Notwendigkeit, den Mitarbeitern genügend Entfaltungs-, Entwicklungs- und Mitsprachemöglichkeiten zu gewährleisten. (Da die Rede „Erfolgsfaktor Mensch" kein theoretisches Konstrukt mehr ist sondern eine harte Realität). Somit wird gesichert, dass die Mitarbeiter sich für die Ziele des Unternehmens einsetzen und ihre volle Leistungsbereitschaft und -fähigkeit zum Einsatz bringen.

Die betriebliche Weiterbildung ist von enormer Bedeutung in jedem Unternehmen. Es gibt ausführliche Konzepte für die Weiterbildungsarbeit, die als ein wesentlicher Beitrag zur

Wertschöpfung angesehen werden. Die Ausgaben für die Weiterbildung werden ausschließlich als Investitionen verbucht. Es werden ebenso ausschließlich bedarfsgerechte und maßgeschneiderte Bildungsmaßnahmen durchgeführt. Unter Bildungsmaßnahmen werden verschiedene Lernformen verstanden. Es werden viele Anekdoten und Witze erzählt, die sich über den früheren Incentivscharakter der Weiterbildung lustig machen und an ihn erinnern.

Das Bildungscontrolling ist in fast jedem großen Unternehmen vorhanden und in mittleren und kleinen Unternehmen werden zumindest Elemente des Bildungscontrollings eingesetzt. Die Konzepte zum Bildungscontrolling basieren auf zahlreichen empirischen Forschungen und neuen Erkenntnissen. Es ist eine Selbstverständlichkeit, dass Bildungscontrolling sich in zwei Dimensionen (pädagogisch und ökonomisch) bewegt und Transparenz und Stetigkeit in die Bildungsarbeit bringt. In jedem Unternehmen werden die Mitarbeiter der Weiterbildung/Personalentwicklung in die Entwicklung von Strategien des Unternehmens integriert und entwickeln sie durch ihre Brille „Personal, Mitarbeiterpotenzial" mit. „Akzeptanzprobleme des Bildungswesens" ist ein fremder Begriff für die Mitarbeiter der betrieblichen Weiterbildung. Sie berichten der Unternehmensleitung wie die anderen Bereiche über den Beitrag der Weiterbildung zur Wertschöpfung im Unternehmen.

Die Bedarfsanalyse wird sehr erfolgreich bereichsspezifisch und/oder zielgruppenspezifisch durchgeführt. Die Verantwortlichen der Weiterbildung/Personalentwicklung wundern sich über die Generationen vorher, die lediglich punktuell und reaktiv die Bedarfe ermittelt haben. Heute ist es unabdingbar, im Weiterbildungsbereich wie in den anderen Bereichen des Unternehmens Prognosen zu machen. Die diversen Instrumente und Methoden zur Bildungsbedarfsermittlung sind im Bildungsbereich nicht neu, sie sind durch das Bildungscontrolling weiterentwickelt worden. Darüber hinaus werden sie in jedem Unternehmen an die Bedürfnisse des Unternehmens von den Verantwortlichen für die Weiterbildung angepasst und bereitgestellt. Diese Mitarbeiter sind meistens ausgebildete Bildungsmanager, die ihre Qualifikationen entweder im Studium oder durch zusätzliche Ausbildung erworben haben. Daher hat die Diskussion über mangelnde methodische Kenntnisse und Kompetenzen keinen Platz mehr. Die Synchronisierung der strategischen und operativen Instrument und Methoden hat ihr Optimum erreicht.

Vielleicht ist dieser Ausblick zu optimistisch…

Literaturverzeichnis

Allespach, M./Novak, H. (2004): SZENario: Ein Instrument zur Identifizierung von betrieblichen Handlungsfeldern und Störgrössen bei Veränderungsprozessen. Projekt Kompass. Stuttgart: IG Metall Baden-Württemberg.

Ambos, I./Brandt, P. (Red.) (2008): Trends der Weiterbildung: DIE-Trendanalyse 2008. SR.: DIE spezial. Bielefeld: Bertelsmann.

Balli, Ch./Krekel, E. M./Sauter, E. (2002): Qualitätsentwicklung in der Weiterbildung aus der Sicht von Bildungsanbietern – Diskussionsstand, Verfahren, Entwicklungstendenzen. In: Ch. Balli, E. M. Krekel, E. Sauter (Hg.): Qualitätsentwicklung in der Weiterbildung. Zum Stand der Anwendung von Qualitätssicherungs- und Qualitätsmanagementsystemen bei Weiterbildungsanbietern. Berichte zur beruflichen Bildung, Heft 62. Bonn: Bundesinstitut für Berufsbildung.

von Bardeleben, R./Böll, G./Drieling, C./Gnahs, D./Seusing, B./Walden, G. (1990): Strukturen betrieblicher Weiterbildung: Analyse des beruflichen Weiterbildungsangebotes und -bedarfs in ausgewählten Regionen. Berichte zur beruflichen Bildung, Heft 114. Berlin: Bundesinstitut für Berufsbildung.

Becker, M. (1995): Bildungscontrolling – Möglichkeiten und Grenzen aus wissenschaftstheoretischer und bildungspraktischer Sicht. In: G. von Landsberg/R. Weiss (Hg.): Bildungs-Controlling (S. 57-80). Stuttgart: Schäffer-Poeschel.

Becker, M. (1999): Aufgaben und Organisation der betrieblichen Weiterbildung. München; Wien: Hanser.

Becker, M. (2002): Personalentwicklung: Bildung, Förderung und Organisationsentwicklung in Theorie und Praxis. Stuttgart: Schäffer-Poeschel.

Beicht, U./Berger, K./Moraal, D. (2005): Aufwendungen für die berufliche Weiterbildung in Deutschland. In: Sozialer Fortschritt, Nr. 10/11, S. 256-266.

BetrVG (2007): Betriebsverfassungsgesetz. In Arbeitsgesetze (70. Aufl.). München: Beck.

Beywl, W./Schobert, B. (2000): Evaluation - Controlling - Qualitätsmanagement in der betrieblichen Weiterbildung: Kommentierte Auswahlbibliographie. Bielefeld: Bertelsmann.

Bosch, G. (1993): Regionale Entwicklung und Weiterbildung. In: ARL: Berufliche Weiterbildung als Faktor der Regionalentwicklung. Forschungs- und Sitzungsberichte (S. 63-80). Hannover: ARL.

Bullinger H.-J./Witzgall, E. (Hg.) (2002): Qualifikationsmanagement in der Produktion: Pläne und Werkzeuge für die Baustelle Lernende Organisation. Stuttgart: Fraunhofer - Gesellschaft zur Förderung der angewandten Forschung e.V.

Bruhn, M. (2006): Qualitätsmanagement für Dienstleistungen: Grundlagen, Konzepte, Methoden. Berlin: Springer.

Buttler, F./Tessaring, M. (1993): Humankapital als Standortfaktor. In: MiHAB 4/94, S. 467-476.

Comelli, G. (1985): Training als Beitrag zur Organisationsentwicklung. München: Hanser.

DIN- Deutsche Institut für Normung (Hg.): DIN EN ISO 9000ff.: 2000. Berlin: Beuth Verlag.

Dehnbostel, P./Elsholz, U./Gillen, J. (2007): Konzeptionelle Begründungen und Eckpunkte einer arbeitnehmerorientierten Weiterbildung. In: P. Dehnbostel, U. Elsholz, J. Gillen (Hg.): Kompetenzcrwerb in der Arbeit: Perspektiven arbeitnehmerorientierter Weiterbildung (S. 13-33). Berlin: Edition Sigma.

Döring, P. (1973): Erfolgskontrolle betrieblicher Bildungsarbeit. Frankfurt: Rationalisierungs-Kuratorium der Deutschen Wirtschaft.

Feige, W. (1994): Quantitatives und qualitatives Bildungscontrolling. In: I. Turbanisch (Hg.): Effizienz in der Personalentwicklung (S. 159-184). Stuttgart: Dt. Sparkassenverlag.

Faulstich, P. (1998): Strategien der betrieblichen Weiterbildung: Kompetenzen und Organisation. München: Vahlen.

Frey, B. S. (2006): Evaluitis - Eine Neue Krankheit. WZB-Konferenz, 1.-3. Juni 2006 „Qulitätssicherung von Wissenschaft im Wandel". Working Paper No. 293

Gerlich, P. (1999): Controlling von Bildung, Evaluation oder Bildungs-Controlling? München: Rainer Hampp.

Gillen, J./Dehnbostel, P./Linderkamp, R./Skroblin, J.-P. (2007): Arbeitnehmerorientieres Coaching: Konzeptionelle Begründung für die Begleitung und Beratung beruflicher Entwicklungen aus gewerkschaftlicher Perspektive. In: P. Dehnbostel, U. Elsholz & J. Gillen (Hg.): Kompetenzerwerb in der Arbeit: Perspektiven arbeitnehmerorientierter Weiterbildung (S. 13-33). Berlin: Edition Sigma.

Gnahs, D. (1998): Vergleichende Analyse von Qualitätskonzepten in der Weiterbildung. Reihe: Materialien des Instituts für Entwicklungsplanung und Strukturforschung, Bd. 164. Hannover.

Gnahs, D./Krekel M. E. (1999): Betriebliches Bildungscontrolling in Theorie und Praxis: Begriffsabgrenzung und Forschungsstand. In: E. M. Krekel & B. Seusing (Hg.): Bildungscontrolling - ein Konzept zur Optimierung der betrieblichen Weiterbildung. Hg.: Bundesinstitut für Berufsbildung. Bielefeld: Bertelsmann.

Gnahs, D./Krekel M. E. (1995): Qualitätsmanagement in der Weiterbildung: Die Zertifizierung nach DIN EN ISO 9000ff. im Vergleich zu anderen Konzepten. In: R. von Bardeleben, D. Gnahs, E. M. Krekel, B. Seusing (Hg.): Weiterbildungsqualität: Konzepte, Instrumente, Kriterien. Berichte zur beruflichen Bildung, Heft 188. Bielefeld: Bertelsmann.

Gründer. F. (1977): Zum Problem der Bedarfsermittlung bei Investitionen im Bildungs- und Gesundheitswesen: Eine vergleichende Untersuchung unter besonderer Berücksichtigung des Schul- und Krankenhaussektors. Volkswirtschaftliche Schriften, Heft 255. Berlin: Duncker & Humblot.

Hartz, S./Meisel, K. (2006): Qualitätsmanagement. Bielefeld: Bertelsmann.

Heeg, F./Jäger, C. (1992): Konzeption und Einführung einer Bildungscontrolling-Systematik. In: G. von Landsberg & R. Weiss (Hg.): Bildungscontrolling (S. 263-282). Stuttgart: Schäffer Poeschel.

Hentze, J. (1977): Personalwirtschaftslehre I: Grundlagen, Personalbedarfsermittlung, beschaffung, -entwicklung, -bildung und -einsatz. Stuttgart: Paul Haupt.

Horvath, P./Urban, G. (Hg.) (1991): Qualitätscontrolling. Stuttgart: Schäffer Poeschel.

Horvath, P. (1991): Das Controllingkonzept: Der Weg zu einem wirkungsvollen Controllingsystem. München: Dt. Taschenbuch-Verlag.

Häder, M./Häder, S. (2000): Die Delphi-Methode als Gegenstand methodischer Forschung. In: M. Häder & S. Häder (Hg.): Die Delphi-Technik in den Sozialwissenschaften. Wiesbaden: Westdeutscher Verlag.

Jeserisch, W. (1981a): Mitarbeiter auswählen und fördern: Assessment-Center Verfahren. München: Carl Hanser.

Jeserisch, W. (1981b): Assessment-Center als Beitrag der Weiterbildung zur Personalauslese. Köln: Dt. Vereinigung zur Förderung der Weiterbildung von Führungskräften (Wuppertaler Kreis) e.V.

Jeserisch, W. (1989): Top- Aufgabe: Die Entwicklung von Organisationen und menschlichen Ressourcen mit Literaturhinweisen. München: Hanser.

Jeserisch, W. (1996): Personal-Förderkonzepte: Diagnose - und was kommt danach? München: Hanser.

Kailer, N. (1996): Controlling in der Weiterbildung. In: J. Münch (Hg.): Ökonomie betrieblicher Bildungsarbeit: Qualität- Kosten- Evaluierung- Finanzierung. Berlin: Erich Schmidt.

Kamiske, G. F./Brauer, J.-P. (2002): ABC des Qualitätsmanagements. München: Hanser.

Kellner, H. J./Bosch, P. A. (2004): Performance Shaping: Innovative Strategien für mehr Trainingseffizienz. Braunschweig: Gabal.

Kessler, H. (1991): Bildungserfolg transparent machen. In: A. Papmehl & I. Walsh (Hg.): Personalentwicklung im Wandel (S. 143-149). Wiesbaden: Gabler.

König, E./Bentler, A. (2003): Arbeitsschritte im qualitativen Forschungsprozess - ein Leitfaden. In: B. Friebertshäuser & A. Prengel (Hg.): Handbuch Qualitative Forschungsmethoden in der Erziehungswissenschaft (S. 88-96). München: Juventa.

Körner, P. (1997): Betriebliche Weiterbildung als Teil der Personalentwicklung: Konzeption und exemplarische Entwicklung eines rechnergestützten Systems zum Weiterbildungsmanagement. Landau: Empirische Pädagogik.

Krekel, M. E./Seusing, B. (Hg.): Bildungscontrolling - ein Konzept zur Optimierung der betrieblichen Weiterbildung. Hg.: Bundesinstitut für Berufsbildung. Bielefeld: Bertelsmann.

Krekel, M. E./Bardeleben von, R./Beicht, U. (2001): Bildungscontrolling, Bedeutung und Definition. In: E. M. Krekel, R. von Bardeleben, U. Beicht, J. Frietman, G. Kraayvanger & J. Mayrhofer (Hg.): Controlling in der betrieblichen Weiterbildung im europäischen Vergleich. Berichte zur beruflichen Bildung, Heft 250. Bielefeld: Bertelsmann.

von Landsberg, G./Weiss, R. (1992): Bildungscontrolling. Stuttgart: Schäffer-Poeschel.

Lang, K. (2000): Bildungs-Controlling: Personalentwicklung effizient planen, steuern und kontrollieren. Wien: Linde.

Leiter, R./Runge, T./Burschik, R./Grausam, G. (1982): Der Weiterbildungsbedarf im Unter nehmen: Methoden der Ermittlung. München: Hanser.

Liebald, Ch. (1996): Gutachten: Darstellung unterschiedlicher Evaluationsverfahren. In: Landesinstitut für Schule und Weiterbildung Gutachten für die Vorstudie zur Evaluation der Weiterbildung (S. 237-274). Soest: Landesinstitut für Schule und Weiterbildung.

Lohff, A. (1996): Internationale Assessment und Development Center. In: W. Sarges (Hg.): Weiterentwicklung der Assessment Center Methode (S. 205-215). Göttingen: Hogrefe.

Lung, M. (1996): Betriebliche Weiterbildung: Grundlagen und Gestaltung. Leonberg: Rosenberger.

Meier, R. (2005): Praxis Weiterbildung: Personalentwicklung, Bedarfsanalyse, Seminarplanung, Transfersicherung, Qualitätssicherung, Bildungsmarketing, Bildungscontrolling. Offenbach: Gabal.

Mentzel, W. (1980): Personalentwicklung: Handbuch für Förderung und Weiterbildung der Mitarbeiter. Freiburg im Breisgau: Haufe.

Mentzel, W. (1983): Unternehmenssicherung durch Personalentwicklung: Mitarbeiter motivieren, fördern und weiterbilden. Freiburg im Breisgau: Haufe.

Mentzel, W. (2005): Personalentwicklung: Erfolgreich motivieren, fördern und weiterbilden. München: Beck-Wirtschaftsberater.

Merk, R. (1998): Weiterbildungsmanagement: Bildung erfolgreich und innovativ managen. Neuwied: Luchterhand.

Metz, F. (1995): Konzeptionelle Grundlagen, empirische Erhebungen und Ansätze zur Umsetzung des Personal-Controlling in die Praxis. Frankfurt am Main: Lang.

Münch, J. (1995): Personalentwicklung als Mittel und Aufgabe moderner Unternehmensführung: Ein Kompendium für Einsteiger und Profis. Bielefeld: Bertelsmann.

Müller, H.-J./Stürzl, W. (1992): Dialogische Bildungsbedarfsanalyse – eine zentrale Aufgabe des Weiterbildners. In: H. Geißler & W. Schöler (Hg.): Neue Qualitäten betrieblichen Lernens. Betriebliche Bildung: Erfahrungen und Visionen. Band 3. (S. 103-146). Frankfurt am Main: Lang.

Nagel, R./Oswald, M./Wimmer, R. (2001): Das Mitarbeitergespräch als Führungsinstrument: Ein Handbuch der OSB für Praktiker. Stuttgart: Klett-Cotta.

Neuberger, O. (1991): Personalentwicklung. Stuttgart: Enke.

Olesch, G. (1988): Praxis der Personalentwicklung: Weiterbildung im Betrieb. Heidelberg: Sauer.

Oswald, H. (2003): Was heißt qualitativ forschen? In: B. Friebertshäuser & A. Prengel (Hg.): Handbuch Qualitative Forschungsmethoden in der Erziehungswissenschaft (S. 71-87). München: Juventa.

Ortner, G. E. (1981): Bedarf und Planung in der Weiterbildung: Zur Differenzierung des Bedarfsbegriffes für die Weiterbildung. In: M. Bayer, G. E. Ortner & B. Thunemeyer (Hg.): Bedarfsorientiere Entwicklungsplanung in der Weiterbildung (S. 24-46). Opladen: Leske & Budrich.

Pächnatz, P. (1994): Bildungscontrolling durch ganzheitliche Führungssysteme. In: I. Turbanisch (Hg.): Effizienz in der Personalentwicklung (S. 41-71). Stuttgart: Dt. Sparkassenverlag.

Papmehl, A. (1990): Personal-Controlling: Human-Ressourcen effektiv entwickeln. Arbeitshefte Personalwesen, Bd. 19. Heidelberg: Sauer.

Pleyer, G. (1994): Mitarbeiterbeurteilung als Führungsinstrument und als Teil des Bildungscontrolling. In: I. Turbanisch (Hg.): Effizienz in der Personalentwicklung (S. 195-235). Stuttgart: Dt. Sparkassenverlag.

Reischmann, J. (2002): Weiterbildungs-Evaluation: Lernerfolge sichtbar machen. Kriftel: Luchterhand.

Reinhart, G./Lindemann, U./Heinzl, J. (1996): Qualitätsmanagement: Ein Kurs für Studium und Praxis. Berlin: Springer.

Sarges, W. (Hg.) (1996): Weiterentwicklung der Assessment Center Methode. Göttingen: Hogrefe.

Sauter, E. (2000): Qualitätssicherung und Qualitätsmanagement in der beruflichen Aus- und Weiterbildung. In: Limpact Jahrgang 2000, Heft 2, (S. 17-19). Hrsg.: BIBB.

Schuler, H./Prochaska, M. (1992): Ermittlung personaler Merkmale: Leistungs- und Potenzialbeurteilung von Mitarbeitern. In K. Sonntag (Hg.): Personalentwicklung in Organisationen: Psychologische Grundlagen, Methoden, Strategien (S. 157-186). Göttingen: Hogrefe.

Schaper, N./Sonntag, K. (1999): Personalförderung durch anspruchsvolle Lehr- und Lernarrangements. Beiträge der Personalpsychologie und der angewandten Lernforschung. In: W. Schöni & K. Sonntag (Hg.): Personalförderung im Unternehmen: Bildung, qualifizierende Arbeit und Netzwerke für das 21. Jahrhundert (S. 47- 76). Chur: Rüegger.

Schöllhammer, H. (1970): Die Delphi-Methode als betriebliches Prognose- und Planungsverfahren. In: ZfBF (S. 128-137).

Severing, E. (1999): Personalförderung durch Lernen im Arbeitsprozess. Beiträge der Betriebspädagogik. In: W. Schöni & K. Sonntag (Hg.): Personalförderung im Unternehmen: Bildung, qualifizierende Arbeit und Netzwerke für das 21. Jahrhundert (S. 47- 76). Chur: Rüegger.

Seusing, B./Bötel, Ch. (1999): Bildungscontrolling - Umsetzungsbeispiele aus der betriebli chen Praxis. In: E. M. Krekel & B. Seusing (Hg.): Bildungscontrolling - ein Konzept zur Optimierung der betrieblichen Weiterbildung. Hg.: Bundesinstitut für Berufsbildung. Bielefeld: Bertelsmann.

Sievers, W. (1990): Empirische Forschungsmethoden in den Sozialwissenschaften. Buch I: Befragen. Göttingen: Kinzel.

Stark, G. (2002): Lernende Region Schwandorf. Kontinuierliche Bildungsangebots- und bedarfsanalyse: Konzept und Ergebnisse der ersten Erhebungsrunde. Wenzenbach.

Statistisches Bundesamt (Hg.) (2008): Berufliche Weiterbildung in Unternehmen: Dritte europäische Erhebung über die berufliche Weiterbildung in Unternehmen (CVTS3) 2007. Wiesbaden: Statistisches Bundesamt.

Stufflebeam, D. L. (1972): Evaluation als Entscheidungshilfe. In: Ch. Wulf (Hg.): Evaluation: Beschreibung und Bewertung von Unterricht, Curricula und Schulversuchen (S. 113-145). München: Piper.

Strube, A. (1982): Mitarbeiterorientierte Personalentwicklung. SR.: Mensch und Arbeit im technisch-organisatorischen Wandel. Hg.: Marr & Reichwald, Band 2. Berlin: Schmidt.

Thierau, H./Stangel-Meseke, M./Wottawa (1992): Evaluation als Bestandteil effizienter Personalentwicklungsarbeit. In: K. Sonntag (Hg.): Personalentwicklung in Organisationen: Psychologische Grundlagen, Methoden, Strategien (S. 157-186). Göttingen: Hogrefe.

Turbanisch, I. (1994): Die Führungskraft als Personalentwickler und der Personalentwickler als Dienstleister. In: I. Turbanisch (Hg.): Effizienz in der Personalentwicklung (S. 72-90). Stuttgart: Dt. Sparkassenverlag.

Ullrich, G. A. (1989): Assessment Center. In: H. Strutz (Hg.): Handbuch Personalmarketing (S. 301-315). Wiesbaden: Gabler.

Vock, R. (1998): Qualitätsmanagement für Qualifizierungs- und Beschäftigungsunternehmen. Teil 1. Theoretische und methodische Grundlagen. Hg.: Heidelberger Institut Beruf und Arbeit, Bd. 20/06. Lübeck: Hiba.

Vollmuth, H. J. (1989): Führungsinstrument Controlling. Planegg: WRS Verlag.

Weidemann, B./Krapp, A./Hofer, M./Huber, G.L./Mandl, H. (1987): Pädagogische Psychologie: Ein Lehrbuch. München-Weinheim: Urban & Schwarzenberg.

Weiß, R. (2007): Bildungscontrolling: Messung des Messbaren. In: M. Gust & R. Weiß (Hg.): Praxishandbuch Bildungscontrolling. Bildungscontrolling für exzellente Personalarbeit. Konzepte-Methoden-Instrumente-Unternehmenspraxis (S. 29-49). USP Publishing.

Wegerich, Ch. (2007): Strategische Personalentwicklung in der Praxis: Instrumente, Erfolgsmodelle, Checklisten. Weinheim: WILEY-VCH.

Werner, D. (2006):Trends und Kosten der betrieblichen Weiterbildung – Ergebnisse der IW-Weiterbildungserhebung 2005. In: Vorabdruck aus: IW-Trends – Vierteljahresschrift zur empirischen Wirtschaftsforschung aus dem Institut der deutschen Wirtschaft Köln, 33. Jahrgang, Heft 1/2006.

Wiedemann, J. (1995): Ermittlung von Qualifizierungsbedarf bei komplexen kognitiven Arbeitsanforderungen - am Beispiel der Störungsdiagnose in der flexibel automatisierten Fertigung. Dissertation. Münster: Waxmann.

Will, H./Winteler, A./Krapp, A. (1987): Von der Erfolgskontrolle zur Evaluation. In: H. Will, A. Winteler & A. Krapp (Hg.): Evaluation in der beruflichen Aus- und Weiterbildung. Heidelberg: Sauer.

Witt, F.-J. (1991): Personalentwicklung mit Personalportfolios. In: A. Papmehl & I. Walsh (Hg.): Personalentwicklung im Wandel (S. 240-275). Wiesbaden: Gabler.

Witthaus, U. (2000): Outcome-Controlling? Anmerkungen zu Möglichkeiten und Schwierigkeiten der Erfassung von Bildungseffekten in der Arbeitswelt. In: S. Seeber, E. M. Krekel & J. van Buer (Hg.): Bildungscontrolling: Ansätze und kritische Diskussionen zur Effizienzsteigerung von Bildungsarbeit (S. 151-172). Frankfurt am Main: Lang.

Wittwer, W. (1996): Qualität als Idee. In: D. Timmermann, U. Witthaus, W. Wittwer & D. A. Zimmermann (Hg.): Qualitätsmanagement in der betrieblichen Weiterbildung (S. 7-11). Bielefeld: Bertelsmann.

Wittwer, W. (1982): Weiterbildung im Betrieb: Darstellung und Analyse. SR. U & S Pädagogik: Erwachsenenbildung und Gesellschaft. Wien: Urban & Schwarzenberg.

Wottawa, H. (1986): Evaluation. In: B. Weidenmann, B. Krapp, L. Hofer, L. Huber & H. Mandl (Hg.): Pädagogische Psychologie: Ein Lehrbuch (S. 703-734). München: Urban & Schwarzenberg.

Woortmann, G. (1995): Qualität in der Weiterbildung. In: J. E. Feuchthofen & E. Severing (Hg.): Qualitätsmanagement und Qualitätssicherung in der Weiterbildung (S. 45-51). Neuwied: Luchterhand.

Wößmann, L. (2004): Was macht die Bildungsökonomie und warum Human"kapital"? In: L. Andreae (Red.) Investitionsgut Bildung: Workshop „Investition in Humankapital", 7. Juni 2004, Bonn (S. 7-10). Berlin: BMBF, Referat Publikationen.

Wulf, Ch. (1975): Funktionen und Paradigmen der Evaluation. In: K. Frey (Hg.): Curriculum Handbuch (S. 580-600). München: Piper.

Wulf, Ch. (Hg.) (1972): Evaluation: Beschreibung und Bewertung von Unterricht, Curricula und Schulversuchen. München: Piper.

Wunderer, R./Jaritz, A. (2007): Unternehmerisches Personalcontrolling - Evaluation der Wertschöpfung im Personalmanagement. Köln: Luchterhand.

Wunderer, R./Schlagenhaufer, P. (1994): Personalcontrolling: Funktionen-Instrumente-Praxisbeispiele. Stuttgart: Schäffer-Poeschel.

Zollondz, H.-D. (2002): Grundlagen Qualitätsmanagement. Einführung in die Geschichte, Begriffe, Systeme und Konzepte. München: Oldenbourg.

Internet

http://www.destatis.de /15.05.2008/

http://www.vdi.de/ingenieurstudie /19.09.2008/

http://www.towersperrin.com/tp/getwebcachedoc?webc=HRS/DEU/2007/200701/GWS.pdf /13.05.2008/